"校企合一"
新课程系列教材

电梯安装与维修
（入门与上岗考证）

张富建　梁永波　主编

U0387764

清华大学出版社
北京

内 容 简 介

本书紧紧围绕国家职业标准及最新电梯维护保养规范，以目前职业院校电梯实习条件和设备为基础，按照大中小型企业电梯维护保养技术工人实际操作编写。

本书以电梯安全和上岗考证为主线，以"必需、够用、实用"为原则，围绕实践展开，删繁就简，打破了以往教材系统性、完整性的旧框框；实训内容依据理论知识进行设置，着重培养学生实践动手能力及解决问题的能力，强化学生的综合技能训练；理论知识和实训内容紧密结合了当前的生产实际，实现"教、学、做"一体化，为学生就业及适应职业变化打下了扎实的基础。

本书是电梯维护保养操作及考证人员的必备用书，也可作为电梯类高职高专、中专、技工院校学校师生及职业技能鉴定培训机构相关专业的用书，可供相关专业操作人员企业上岗前培训和上岗考核使用。

图书在版编目（CIP）数据

电梯安装与维修：入门与上岗考证/张富建，梁永波主编.—北京：清华大学出版社，2017（2023.1重印）
（"校企合一"新课程系列教材）
ISBN 978-7-302-47152-3

Ⅰ．①电…　Ⅱ．①张…　②梁…　Ⅲ．①电梯－安装－中等专业学校－教材　②电梯－维修－中等专业学校－教材　Ⅳ．①TU857

中国版本图书馆 CIP 数据核字（2017）第 116709 号

责任编辑：张　弛
封面设计：傅瑞学
责任校对：赵琳爽
责任印制：朱雨萌

出版发行：清华大学出版社
　　　　网　　　址：http://www.tup.com.cn，http://www.wqbook.com
　　　　地　　　址：北京清华大学学研大厦 A 座　　　　邮　　编：100084
　　　　社 总 机：010-83470000　　　　　　　　　　邮　　购：010-62786544
　　　　投稿与读者服务：010-62776969，c-service@tup.tsinghua.edu.cn
　　　　质量反馈：010-62772015，zhiliang@tup.tsinghua.edu.cn
　　　　课件下载：http://www.tup.com.cn，010-83470410
印 装 者：天津鑫丰华印务有限公司
经　　销：全国新华书店
开　　本：185mm×260mm　　印　张：11.5　　　　字　　数：260 千字
版　　次：2017 年 7 月第 1 版　　　　　　　　　印　　次：2023 年 1 月第 5 次印刷
定　　价：38.00 元

产品编号：074969-01

为落实《国务院关于大力发展职业教育的决定》中提出的"以服务为宗旨,以就业为导向"的办学方针,经过大量的社会需求、企业用工和人才市场的调研,我们组织编写了这套针对"校企合一"的职业教育系列教材。

"校企合一"教学模式是指在教学过程中,推行"学校即企业,课室即车间,教师即师傅,学生即员工"的人才培养模式。本系列教材结合国家级课题"'校企合一'高技能型紧缺人才培养模式研究",按照专业工种分别编写,其中,部分教材内容已经过学校实践试用,使学生实现了模拟到真实、技能到技术、学生到员工的三个转变,取得了良好效果。

全球金融危机的蔓延给世界经济带来了一定影响,在社会经济形势和政策环境的双重催化下,为"校企合一"高技能人才培养模式提供了坚实的条件和丰沃的土壤。

致力于用"校企合一"双元制,为"中国创造"培养"技术英才",还原职业教育原本的功能,探索符合中国国情的教学模式,编写符合"校企合一"教学模式的教材是我们的责任与使命。

本套教材的推出,为我国职业技术教育课程教学和教材开发开创了一种新的模式,在职业技术教育课程模式和培养模式的根本性转变上,具有十分积极的意义。

本套教材的组织编写是"校企合一"以及"双元制"教材开发的一次有益尝试,是在市场调研、教学总结、方案研讨、编者培训、实地考察,以及与具有丰富实践经验的企业领导和一线人员进行座谈的基础上进行的。编写委员会的成员、职业教育方面的专家和老师、企业界的技术管理人员均为本套教材的编写倾注了心血和力量。

希望本套教材的出版,能为推动我国职业技术教育课程及教材改革作出贡献。

本系列教材从 2008 年年初开始筹备编写,2009 年 9 月起陆续在清华大学出版社出版。虽然我们尽了最大努力,但由于编者水平有限,本套丛书仍有种种不足之处,敬请读者批评、指正,欢迎广大师生、专家学者、企业工人、技术人员、人力资源领导等提出宝贵建议,欢迎大家一起参与编写,联系邮箱: gdutjian@163.com。

丛书编委会

2016 年 9 月

　　根据《特种作业人员安全技术培训考核管理规定》相关规定,特种作业人员必须经专门的安全技术培训并考核合格,取得"中华人民共和国特种作业操作证"(以下简称"操作证")后,方可上岗作业。电梯维护保养属于特种作业,其安装与维修从业人员需要持有特种设备作业人员证。

　　编者长期从事相关工种教学及电梯考核鉴定考评工作,积累了丰富的经验和资料。本书编写时认真总结了本校及兄弟学校关于本课程教学内容和课程体系教学改革的经验,借鉴了国内兄弟学校的教学改革成果,结合校企合作、产教融合及编者的教学实践经验,并充分体现了本专业特色、企业岗位的需求及最新的职业技能等级鉴定的要求。

　　本书既有特种作业人员操作理论基础知识,又有实训内容,选题紧密结合特种作业人员操作证考试,在促进学生顺利通过技能鉴定的同时,为学生今后就业及适应职业变化打下扎实的基础。

　　本书由张富建、梁永波主编,广州市机电技师学院机电系领导,电梯部李胥、刘剑锋、王宴珑、罗恒年、潘鸿等老师,广州市质量发展研究中心李永杰,广州市特种设备行业协会曾伟胜等给予了大力支持和帮助,编者的学生提供了部分考证题目资料,在此一并致谢!

　　由于时间仓促,电梯维护保养操作证专业性强、覆盖面广,发展快,书本内容限于篇幅,加之作者水平有限,恳请广大读者对本书提出宝贵意见和建议,以便修订时补充更正。

编　者

2017 年 6 月

绪论 ·· 1

第一章　电梯理论知识 ··· 11

　　第一节　电梯基础 ··· 11

　　第二节　电梯型号规格和分类方法 ······························· 20

　　第三节　电梯的基本原理 ·· 25

　　第四节　电梯的总体结构 ·· 29

　　第五节　自动扶梯知识 ·· 36

第二章　上岗实操训练与指引 ·· 42

　　训练一　轿顶的操作与运行 ··· 42

　　训练二　交流双速电梯的电气故障排除 ··························· 45

　　训练三　调整电梯厅门及自动门锁 ·································· 58

　　训练四　自动扶梯的操纵和维修保养 ······························· 61

　　训练五　制动器调整 ·· 63

　　训练六　调整开关门速度 ·· 68

　　训练七　机房盘车 ··· 72

第三章　理论模拟考试题目精选 ······································ 76

第四章　复审题目精选 ··· 106

附录1　电梯使用管理与维护保养规则 ··································· 117

附录2　电梯监督检验和定期检验规则——曳引与强制驱动电梯 ······· 128

附录3　广州市电梯日常维护保养合同示范文本(仅供参考) ·············· 167

附录4　无纸化考核操作指引 ·· 172

参考文献 ··· 176

绪 论

知识要点：什么是"校企合一"教学模式？为什么学"电梯维护保养"？真实的"电梯维护保养"是怎样做的？报考电梯维护保养上岗证（操作员）有哪些条件？电梯设备事故特点和原因有哪些？绪论将逐一作介绍。

一、什么是"校企合一"教学模式？

"校企合一"教学模式是指在教学过程中，推行"学校即企业，课室即车间，教师即师傅，学生即员工"的人才培养模式。利用"校企合一"和产教结合，开展课程和教学体系改革，与企业共同制定教学计划、教学内容，实行"产学研"结合，完成教育教学从"虚拟→模拟→真实"的无缝过渡，"零距离"实现学生到企业员工身份的转变，教学方面坚持以就业为导向，以工作过程为主线，将教学安排变成员工培训模式，根据工作过程，将实训作业按日常工作考核，实现知识学习到技能培训的转变。实训管理方面推行企业化管理，学生方面实行按企业员工管理。学生实质上具备双重身份，一是学生身份，二是员工身份。对学生的规范管理要有一个具体要求，对学生采用企业对员工货币奖惩方式进行考核，变虚拟的扣分形式为真实的货币奖惩形式，实现学生向员工观念的转变。

二、为什么学电梯安装与维修？

电梯是指动力驱动，利用沿刚性轨道运行的箱体或者沿固定线路运行的梯级（踏步）进行升降或平行运送人、货物的机电设备。

电梯属于特种设备，从业人员需要持证上岗。特种设备作业人员作业种类与项目很多，如表 0-1 所示，本书主要介绍电梯安装与维修（机械 T1、电气 T2）及维护保养部分内容。

随着生产的发展和科学技术的进步，据有关统计显示，目前中国已成为全球最大的电梯生产国和消费国，电梯保有量超过 450 万台，每年新增电梯数量在 30 万台以上。电梯是典型的机电一体化产品，电梯产品投资大，使用时间长，具有很强的专业性质，购买后需要由专业人士进行安装维修和维护保养，社会上需要大量这方面的专业人才，电梯安装与维修是一种有趣的、富有挑战性的工作。

表 0-1　特种设备作业人员作业种类与项目

序号	作 业 项 目	项目代号	序号	作 业 项 目	项目代号
1	特种设备安全管理负责人	A1	28	电梯司机	T3
2	特种设备质量管理负责人	A2	29	起重机械机械安装维修	Q1
3	锅炉压力容量压力管道安全管理	A3	30	起重器械电气安装维修	Q2
4	电梯安全管理	A4	31	起重机械指挥	Q3
5	起重机械安全管理	A5	32	桥门式起重机司机	Q4
6	客运索道安全管理	A6	33	塔式起重机司机	Q5
7	大型游乐设施安全管理	A7	34	门座式起重机司机	Q6
8	场(厂)内专用机动车辆安全管理	A8	35	缆索式起重机司机	Q7
9	一级锅炉司炉	G1	36	流动式起重机司机	Q8
10	二级锅炉司炉	G2	37	升降机司机	Q9
11	三级锅炉司炉	G3	38	机械式停车设备司机	Q10
12	一级锅炉水处理	G4	39	客运索道安装	S1
13	二级锅炉水处理	G5	40	客运索道维修	S2
14	锅炉能效作业	G6	41	客运索道司机	S3
15	固定式压力容器操作	R1	42	客运索道编索	S4
16	移动式压力容器充装	R2	43	大型游乐场设施安装	Y1
17	氧舱维护保养	R3	44	大型游乐场设施维修	Y2
18	永久气体气瓶充装	P1	45	大型游乐场设施操作	Y3
19	液化气体气瓶充装	P2	46	水上乐园设施操作与维修	Y4
20	溶解乙炔气瓶充装	P3	47	车辆维修	N1
21	液化石油气瓶充装	P4	48	叉车司机	N2
22	车用气瓶充装	P5	49	搬运车牵引车推顶车司机	N3
23	压力管道巡检维护	D1	50	内燃观光车司机	N4
24	带压封堵	D2	51	蓄电池观光车司机	N5
25	带压密封	D3	52	安全阀校检	F1
26	电梯机械安装维修	T1	53	安全阀维修	F2
27	电梯电气安装维修	T2	54	焊接操作	按 TSG Z6002

在此也提醒各位读者,电梯安装维修属于高危工种,涉及焊接、高空作业、易触电等危害,时刻威胁着自身和周围人群的安全。电梯安装维修是一门又苦又累的实习课程,要有心理准备,要有恒心和毅力。同时,特别需要注意操作安全,在实习过程中必须遵守相关操作规程。

三、现实的"电梯安装与维修"是怎样的?

客户根据楼层高度和客流情况来配置和选购电梯,再由专业的电梯安装公司进行安装。电梯安装前先编写好施工方案,由电梯安装小组根据施工方案进行作业,安装小组在安装之前必须先进行现场勘察,并检查待安装大楼的供电(是否有 380V 电源)是否完备、底坑是否有积水等情况,具体操作流程如下。

电梯安装前准备工作:与电梯的订货单位及土建单位沟通,现场勘察解决土建遗留问题;设备施工告知;设备进场开箱清点、验收;施工人员的安全技术交底;主要部件的摆放和保留;脚手架搭设与验收;施工用电架设;施工安全管理及进度计划编制等。

安装过程:根据《电梯制造与安装安全规范》(GB 7588—2003)和《电梯安装验收规范》(GB/T 10060—2011)的相关标准,进行设备吊装和摆放、样板制作和放样线、机械部件安装调整、电气部件安装调试。

电梯调试:包括调试准备工作→电气线路检查试验→静态测试试验→曳引机试运转→快车试运转→各安全装置检查试验→静载和超载试验→整机试验→功能试验等。

电梯验收:根据《电梯制造与安装安全规范》(GB 7588—2003)、《电梯安装验收规范》(GB/T 10060—2011)、《电气装置安装工程电梯电气装置施工及验收规范》(GB 50182—1993)和《电梯工程施工质量验收规范》(GB 50310—2002)的要求进行自检、厂检、质量监督局检验,验收合格后方可使用。

电梯投入使用后,需要定期维护保养,发现故障及时维修。根据《电梯使用管理与维修保养规则》(TSG T5001—2009)规定,电梯维保单位对维保电梯的安全性能负责,按规定维护保养项目对电梯进行日常维护保养,从而保证电梯能够正常、安全运行。电梯(曳引式)专项保养是对电梯主要安全保护装置及基本功能进行清洁、润滑、检查、调整。

电梯维保技术人员从电梯维保组长处接受维保任务,阅读维保工单,明确作业要求,查阅相应梯型的维保手册,明确相应维护作业流程及规范;通过与客户沟通和阅读最近电梯维保单,了通电梯使用状态;通过两人及以上的配合方式,按作业流程及规范对曳引机、控制柜、限速器、安全钳、制动器、门系统、导靴、缓冲器和钢丝绳绳头组合等部件实施相应清洁、润滑、检查、调整和更换的维护作业,作业过程要具有安全操作意识;自检合格后填写维保单并且给客户签名确认。每台电梯都应该张贴检验标志、电梯维保标志、保险标志、应急电话等标签,如图0-1所示。

(a) 检验标志　　　　(b) 电梯维保标志　　　　(c) 电梯保险标志

图 0-1　电梯标签

作业过程中,电梯维保技术人员应严格遵守电梯维保企业制定电梯维保安全操作规程、电梯维保工艺及 8S 管理要求。

四、"电梯维护保养上岗证(特种设备作业人员证)"报考条件

(1) 年满十八周岁且不超过国家法定退休年龄。

（2）具有初中及以上文化程度。

（3）身体健康，无高血压、心脏病、癫痫病、眩晕症等妨碍本作业的其他疾病及生理缺陷，经过体检及格。

（4）具备必要的安全技术知识与技能。

（5）相应特种作业规定的其他条件。

根据规定，特种作业人员在参加培训前必须到当地县级以上医院进行体检，体检合格者方可参加与其所从事的特种作业相应的安全技术理论培训和实际操作培训。

（6）报名时需填写《特种作业人员培训申报表》，交近照、身份证复印件、学历证书复印件（未毕业学生免交）等，并经过审核盖章。

（7）（电梯）特种设备作业人员证如图 0-2 所示。

图 0-2　电梯操作证（上岗证）

五、电梯实习工场守则

（1）进入实习室实习时，要穿好工作服、扣好工作服纽扣，衬衫要系入裤内，不得穿凉鞋、拖鞋、湿鞋、背心，女同学不得穿裙子、高跟鞋，不得戴围巾。

（2）严禁在实习室内进食零食饮料、追逐、打闹、喧哗、玩手机、阅读与实习无关的书刊、收听广播和 MP3 等。

（3）实习时要严格遵守有关电梯、电气安全技术操作规程和各项规章制度。

（4）不能用湿手接触带电部分，不要用绝缘层已破的工具或量具进行电路检修。

（5）维修实习期间如果发现所使用工具出现安全隐患应立即停止使用并及时反映给带班的实习教师，更换后方可继续实习。

（6）未经老师同意，学生不能擅自操作实习工场各种机械电气设备及进入电梯轿厢。

（7）要正确合理地使用测量工具并注意保养维护。

（8）爱护实习设备、工具、仪表等实习器材，实习完毕后应按要求将实习器材放好。

（9）爱护公物，对实习室的机件不得故意损坏，未经允许不能乱拆乱动各种零部件。

（10）实习时要集中精神，未经老师批准，不得擅自离开实习岗位。

（11）人离灯熄，关停电动机，下课要切断电源。

（12）工场内不得抛掷物品或零件。

（13）学生非当班实习时间不能进入实习室，非本实习室实习生未经老师同意，一律不准进入。

（14）要做好设备和工位使用及交接记录登记。工具附件要清点、抹净后按指定位置放置整齐。

（15）实习室地面不得乱摆放工件杂物和工具箱,地面墙壁保持清洁,严禁乱涂乱画。

（16）实习用的工具、刀具、量具、材料等不得私自拿回课室。

（17）不得擅自离开工作岗位,有事要先请假,未到下课时间不得擅自离开实习室。

（18）如有违反上述纪律,经劝告不改者,指导老师有权取消其实习资格。如因此发生事故,则应追究责任并按规定赔偿。

六、电梯安装维修安全操作规程

应遵守电工安全技术操作规程,同时应遵守以下规程。

（1）施工前要认真检查工作岗位的安全设施是否牢靠。施工过程中如果发现工具、量具有损坏、灵敏度差或不完整的,必须先予以修复或更换。

（2）使用大锤时,应检查锤头是否牢固,打锤时不得戴手套,同时要注意周围环境及做好防护措施。

（3）不准将手伸入两工件连接的通孔内,以防物体移动挤伤手指。

（4）多人一起工作时,要互相照顾,做好应答制度,步骤一致,劲往一处使,搬运物件要齐起齐放。

（5）工作场地要保持整齐清洁,拆卸的零件要妥善存放,装配零件时要遵循工艺流程,要搞好文明安全生产。

（6）在使用起重机设备时,必须先确定起重设备的标称载荷是否足以承载被起重工件的重量。认真检查起重设备的关键部分是否正常,如链条、鞘子是否松动,绳夹头、钩子是否牢固,钢丝绳是否断丝等。

（7）在 2m 以上高处工作时,必须佩戴好安全带,防止坠落。在使用高凳、梯子前,须先检查是否牢固、有无断损,直梯脚是否用橡皮或麻布包扎妥当。在梯子上站立时要遵守安全规定,并配备专人扶持,扶梯人员必须戴上安全帽。

（8）电梯安装、维修、保养人员进行操作前,必须穿着工作服。涉及电工操作时还需要穿上绝缘鞋,严禁赤膊和穿短裤进行操作。

（9）在使用电气设备前必须先检查是否破损、漏电及有效接地,经检验合格方可使用。插头、插座必须配齐完整,不得用线头直接插入插座。移动行灯要使用 36V 以下低压电源,且必须带有护罩。

（10）进行电气检修时,应尽可能避免带电作业,必须带电操作或难以完全切断电源的情况下,应预防触电,并在带班老师监视下进行。

（11）工作人员进入电梯井道工作时,必须戴上安全帽。高空作业时应携带工具袋,以免工具坠落造成事故,在井道作业时,施工人员思想必须高度集中,井道上下应密切联系,严禁上下抛投物件及工具。

（12）进入电梯机房工作时,应先切断总电源开关,并在总电源开关处挂上"有人工作,禁止合闸"的警示标志。

（13）调试及维修电梯时，工作人员进入轿厢前必须先看清楚轿厢是否在本层站方可进入，不要只看指示灯。

（14）在轿厢顶检修时，必须按下轿厢顶检修箱上的急停开关或扳动安全钳的联动开关，关好厅门，在轿厢内的操纵箱上挂"人在轿顶，不准乱动"的标示牌。检修运行时，在轿厢顶部的工作人员，要站在安全位置上，并作好随时应付突发事件的准备。

（15）进入底坑工作时，应将底坑检修箱上的急停开关或限速器张紧装置的断绳开关断开。

（16）严禁维修人员站在井道外探身到井道内，禁止长时间两只脚分别站在轿厢顶与厅门地坎之间或厅门地坎与轿厢踏板之间。

（17）使用煤气枪前，严格检查整套点火装置是否完好，发现问题严禁点火，并通知带班老师。点火前要检查四周有无易燃物体。操作时喷枪不准正对人群。煤气枪使用完毕应当熄火，并须待冷却透彻后，方可储藏。浇铸巴氏合金时，要防止潮气，锥套必须干燥、预热，以免湿气受热成蒸汽与灼热的巴氏合金接触引起爆炸，操作人员必须戴防护眼镜。

七、电梯设备事故特点和原因

电梯可能发生的危险一般有：人员被挤压、撞击和发生坠落、剪切；人员被电击、轿厢超越极限行程发生撞击；轿厢超速或因断绳造成坠落；由于材料失效、强度丧失而造成结构破坏等。

1. 电梯事故特点

（1）电梯事故中人身伤害事故较多，伤亡者中电梯操作人员和维修工占比例大。

（2）电梯门系统的事故发生率较高，因为电梯的每一运行过程都要经过开门动作两次，关门动作两次，使门锁工作频繁，老化速度快，久而久之，造成门锁机械或电气保护装置动作不可靠。

2. 电梯事故发生原因

（1）电梯维修保养单位或人员没有严格执行"安全为主，预检预修，计划保养"的原则。

（2）电梯门系统事故发生的主要原因是门锁工作频繁，老化速度快，容易造成门锁机械或电气保护装置动作不可靠。

（3）冲顶或蹲底事故一般是由于电梯的制动器发生故障所致，制动器是电梯十分重要的部件，如果制动器失效或带有隐患，那么电梯将处于失控状态。

（4）其他事故主要是个别装置失效或不可靠所造成的。

八、电梯常用说明（警示）牌

电梯常用说明（警示）牌如表 0-2 所示。

表 0-2 电梯常用说明（警示）牌

序号	牌 图	含 义	备 注	序号	牌 图	含 义	备 注
1		站好扶稳	多用于扶梯	8		请勿逆行	多用于扶梯
2		照顾儿童	多用于扶梯	9		勿带自行车、手推车及重物	多用于扶梯
3		照顾老人	多用于扶梯	10		严禁用手足阻挡电梯关门	
4		遇危险按紧急停止开关	多用于扶梯	11		请勿扶门	
5		勿伸头手	多用于扶梯	12		当心触电	
6		请勿嬉闹	多用于扶梯	13		当心机械伤人	
7		遇警示，请勿用	多用于扶梯	14		如遇火警请勿乘坐电梯	

续表

序号	牌　图	含　义	备　注	序号	牌　图	含　义	备　注
15	禁止触摸 No Touching	禁止触摸		23	禁止搬运重物 Don't carry heavy goods	禁止搬运重物	用于自动扶梯
16	电梯 ELEVATOR	电梯标志	乘坐电梯指引	24	紧握扶手 Use the handrail	紧握扶手	用于自动扶梯
17	请勿打闹	请勿打闹	多用于扶梯	25	勿用锐器操作 Don't push with hand and sharp objects	勿用锐器操作	用于垂直电梯
18	禁止合闸有人工作	禁止合闸有人工作	线路检修或电梯救援时用	26	警告 靠门危险 防止坠落	防止坠落	用于垂直电梯
19	禁止扒门	禁止扒门	用于乘坐垂直电梯	27	VOLTS 机房电压标签	机房电压标签	用于垂直电梯
20	如遇火警请勿乘坐电梯 IN CASE OF FIRE PLEASE DO NOT USE ELEVATOR	如遇火警请勿乘坐电梯	用于垂直电梯	28	持证上岗 必须持证上岗	持证上岗	维保人员持证上岗
21	消防电梯 火警时非消防人员请勿乘用	消防电梯	火警时非消防人员请勿乘坐	29	禁止使用肢体或物品挡门	禁止使用肢体或物品挡门	
22	小心碰头 WATCH YOUR HEAD	小心碰头	用于自动扶梯	30	禁止损坏轿厢内设施	禁止损坏轿厢内设施	

序号	牌图	含义	备注	序号	牌图	含义	备注
31		看好儿童		39		注意脚下	多用于扶梯
32		面向轿厢门进出		40		禁止攀登	
33		注意安全		41		禁止翻越	
34		货运电梯禁止乘人		42		严禁推门、掰门	
35		请勿在扶梯口停留	多用于扶梯	43		禁止倚靠	
36		必须戴安全帽	维保时	44		电梯机房重地,闲人免进	
37		必须系安全带	维保时	45		电梯维保,暂停使用	用于垂直电梯、自动扶梯
38		禁止停留		46		电梯检修请勿靠近	维保时使用

续表

序号	牌　图	含　义	备　注	序号	牌　图	含　义	备　注
47	当心碰头 Warning over head obstacle	当心碰头		56	抱住宠物 Pets shall be carried	抱住宠物	用于自动扶梯
48	请靠右侧站立	请靠右侧站立	多用于扶梯	57	请注意安全 乘电梯请在黄色区域内	乘电梯请在黄色区域内	用于自动扶梯
49	裙摆勿拖梯级	裙摆勿拖梯级	多用于扶梯	58	禁止推门 No pushing	禁止推门	用于垂直电梯
50	火警电话119 急救电话120 报警电话110	报警电话		59	2t 电梯限重	电梯限重	垂直电梯
51	电梯下落请勿进入	电梯下落请勿进入	用于货梯	60	载货电梯 严禁载人 Prohibited Manned Lifts	载货电梯，严禁载人	用于货梯
52	请勿充 手动报警按钮 火灾时请按下	手动报警按钮	电梯遇到火警时使用	61	禁止蹦跳 No Jumping	禁止蹦跳	多用于直梯
53	禁止攀爬	禁止攀爬	用于自动扶梯	62	禁止吸烟 No Smoking	禁止吸烟	
54	禁止使用手推车 Push chair not permitted	禁止使用手推车	用于自动扶梯				
55	拉住儿童 Young children shall be	拉住儿童	用于自动扶梯	63	轻按选层按钮	轻按选层按钮	

第一章

电梯理论知识

第一节 电梯基础

一、电梯的定义

1. 电梯常用几种定义

（1）电梯是随着高层建筑兴建而发展起来的一种用以垂直方向运转的交通工具。电梯以前叫升降机（Lift）。后来，当电力拖动系统和电气控制系统广泛应用于升降机时，人们便把这类以电力带动轿厢升降代替人们上下楼梯的升降机取名电梯（Elevator）。

（2）根据国家标准《电梯、自动扶梯、自动人行道术语》（GB/T 7024—2008）的规定，电梯是指：服务于建筑物内若干特定的楼层，其轿厢运行在至少两列垂直于水平面或与铅垂线倾斜角小于15°的刚性导轨运行的永久运行设备（狭义的电梯定义）。

（3）《特种设备安全监察条例》中电梯的定义是指：动力驱动，利用沿刚性轨道运行的箱体或者沿固定线路运行的梯级（踏步）进行升降或者平行运送人、货物的机电设备（广义的电梯定义）。

2. 电梯的特点

（1）电梯是由电力驱（拖）动。

（2）电梯是沿着一定方向（垂直或水平，也可有一定倾斜角）运行的一种提升设备，可以载客，也可以载货。

（3）轿厢要方便乘坐乘客或承载货物。

3. 常用电梯结构

常用电梯结构如图 1-1 所示。

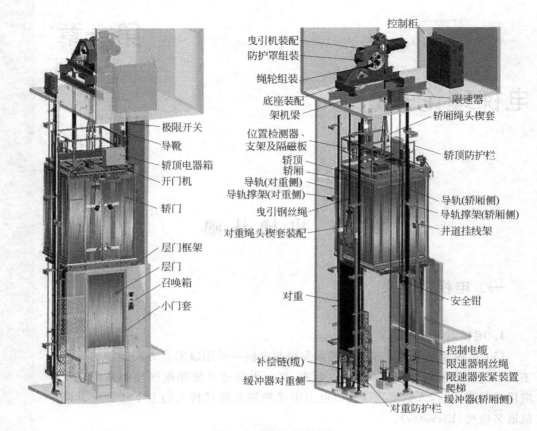

图 1-1　常用电梯结构

二、世界电梯行业发展简史

很久以前，人们就已经开始使用原始的升降工具运送人和货物，并大多采用人力或畜力作为驱动力，到 19 世纪初，随着工业革命的进程发展，蒸汽机成为重要的原动机，在欧美开始用蒸汽机作为升降工具的动力，并不断地得到创新和改进。

1889 年，升降机开始采用电力驱动，真正出现了电梯。

19 世纪末，直流电梯出现，电梯的运行性能明显得以改善。

20 世纪初，开始出现交流感应电动机驱动的电梯，后来槽轮式（即曳引式）驱动的电梯代替了鼓轮卷筒式驱动的电梯，为长行程和具有高度安全性的现代电梯奠定了基础。

20 世纪上半叶，直流调速系统在中高速电梯中占有较大比例。

1967 年，晶闸管用于电梯驱动，交流调压调速驱动控制的电梯出现。

1983 年，变压变频控制的电梯出现，由于其良好的调速性能、舒适感和节能等特点迅速成为电梯的主流产品。

　　1996 年，交流永磁同步无齿轮曳引机驱动的无机房电梯出现，如图 1-2 所示，电梯技术又一次革新。由于曳引机和控制柜置于井道中，省去了独立机房，节约了建筑成本，增加了大楼的有效面积，提高了大楼建筑美学的设计自由度。这种电梯还具有节能、无油污染、免维护和安全性高等特点。

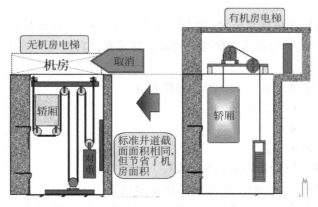

图 1-2　无机房电梯

　　电梯在操纵控制方式方面的发展经历了手柄开关操纵、按钮控制、信号控制、集选控制等过程，对于多台电梯还出现了并联控制、智能群控。

三、世界电梯行业近年发展

　　2000 年，迅达电梯公司发布无机房电梯，采用高强度无钢丝绳芯的合成纤维曳引绳牵引轿厢，采用永磁电机无齿轮曳引机驱动，每根曳引绳大约由 30 万股细纤维组成，其曳引绳比传统的钢丝绳轻 4 倍，绳中嵌入了石墨纤维导体，使得能够监控曳引绳的轻微磨损等变化。

　　2002 年，三菱电机公司在第 5 届中国国际电梯展览会上展出了倾斜段高速运行的自动扶梯模型。可铰接伸缩的驱动齿条结构在运行时可使梯级的间隔发生变化，从而使速度也产生变化。其倾斜段的速度是出入口水平段速度的 1.5 倍，这样既缩短了乘客的乘梯时间，也提高了乘客上下扶梯的安全性与平稳性。

　　2003 年，奥的斯公司发布新型的自动扶梯，采用新踏板设计，梯级踏板和围裙板成为协调运行的单一模块；还采用了其他一些提高自动扶梯安全性的新技术，自动扶梯技术又一次更新。

　　20 世纪上半叶，直流调速系统在中、高速电梯中已占较大比例。20 世纪 90 年代末，富士达公司开发了变速式自动人行道，提高了乘客上下自动人行道时的安全性，缩短了长行程时的乘梯时间。如今，世界各国的电梯公司还在不断地进行电梯新品的研发、维修保养服务系统的完善，力争满足人们对现代建筑交通日益增长的需求。

四、中国电梯行业的发展

1979 年以前，全国共生产安装电梯约 1 万台。这些电梯主要是直流电梯和交流双速电梯。国内电梯生产企业约 10 家。

1980 年，中国建筑机械总公司、瑞士迅达股份有限公司、香港怡和迅达（远东）股份有限公司 3 方合资组建中国迅达电梯有限公司。这是我国自改革开放以来机械行业第 1 家合资企业。

1981 年，广日电梯与日立成立中外合作企业。

1984 年，天津 OTIS 成立。

1987 年，上海三菱成立。

1988 年，苏州迅达成立。

1993 年，广州 OTIS 成立（OTIS 控股）。

1995 年，沈阳东芝、上海崇友东芝、中山蒂森成立。

1997 年，西子 OTIS 成立，华升富士达成立，大连星玛（LG）成立。

1998 年，昆山通力成立（独资）。

2000 年，上海东芝变为独资企业。

2001 年，OTIS 控股西奥，中国迅达变为迅达独资企业、富士达并购上海扶梯厂。

2002 年，OTIS 并购江南电梯、西安电梯。

进入 21 世纪，一批民族电梯企业在技术水平、管理水平等方面得到了显著提高，包括康力电梯、江南嘉捷、远大智能、快意电梯等一部分具有一定规模的民族电梯企业迅速完成了从研发、设计、制造到安装维保在内的完整业务链建设，尤其在中低速电梯产品方面，凭借较高的性价比，逐渐打破了外资品牌对我国电梯市场的垄断。

五、电梯常用名词术语（GB/T 7024—2008）

（1）电梯：服务于建筑物内若干特定的楼层，其轿厢运行在至少两列垂直于水平面或与铅垂线倾斜角小于 15°的刚性导轨运行的永久运行设备。

（2）乘客电梯：为运送乘客而设计的电梯。

（3）载货电梯（货客电梯）：主要运送货物的电梯，同时允许有人员伴随。

（4）客货电梯：以运送乘客为主，可同时兼顾运送非集中载荷货物的电梯。

（5）病床电梯（医用电梯）：运送病床（包括病人）及相关医疗设备的电梯。

（6）住宅电梯：服务于住宅楼，供公众使用的电梯。

（7）杂物电梯：服务于规定层站固定式提升装置。具有一个轿厢，由于结构型式和尺寸的关系，轿厢内不允许人员进入。

（8）船用电梯：船舶上使用的电梯。

（9）防爆电梯：采取适当措施，可以应用于有爆炸危险场所的电梯。

（10）消防员电梯：首先预定为乘客使用而安装的电梯，其附加的保护、控制和信号使其能在消防服务的直接控制下使用。

（11）观光电梯：井道和轿厢壁至少有一侧透明，乘客可观看轿厢外景物的电梯。

（12）非商用汽车电梯：其轿厢适于运载小型乘客汽车的电梯。

（13）家用电梯：安装在私人住宅中，仅供单一家庭成员使用的电梯。它也可安装在非单一家庭使用的建筑物内，作为单一家庭进入其住所的工具。

（14）无机房电梯：不需要建筑物提供封闭的专门机房用于安装电梯驱动主机、控制柜、限速器等设备的电梯。

（15）曳引驱动电梯：依靠摩擦力驱动的电梯。

（16）强制驱动电梯：用链或钢丝绳悬吊的非摩擦方式驱动的电梯。

（17）液压电梯：依靠液压驱动的电梯。

（18）平层准确度：轿厢依控制系统指令到达目的层站停靠后，门完全打开，在没有负载变化的情况下，轿厢地坎上平面与层门地坎上平面之间铅垂方向的最大差值。

（19）额定速度：电梯设计所规定的轿厢运行速度。

（20）额定载重量：电梯设计所规定的轿厢载重量。

（21）提升高度：从底层端站地坎上表面至顶层端站地坎上表面之间的垂直距离。

（22）机房：安装一台或多台电梯驱动主机及其附属设备的专用房间。

（23）层站：各楼层用于出入轿厢的地点。

（24）层站入口：在井道壁上的开口部分，它构成从层站到轿厢之间的通道。

（25）基站：轿厢无投入运行指令时停靠的层站。一般位于乘客进出最多并且方便撤离的建筑物大厅或底层端站。

（26）预定层站（待梯层站）：并联或群控控制的电梯轿厢无运行指令时，指定停靠待命运行的层站。

（27）底层端站：最低的轿厢停靠站。

（28）顶层端站：最高的轿厢停靠站。

（29）井道：保证轿厢、对重（平衡重）和（或）液压缸柱塞安全运行所需的建筑空间。

注：井道空间通常以底坑坑底、井道壁和井道顶为边界。

（30）底坑：底层端站地面以下的井道部分。

（31）井道内牛腿（加腋梁）：位于各层站出入口下方井道内侧，供支撑层门地坎所用的建筑物凸出部分。

（32）平层：在平层区域内，使轿厢地坎平面与层门地坎平面达到同一平面的运动。

（33）平层区：轿厢停靠站上方和（或）下方的一段有限区域。在此区域内可以用平层装置来使轿厢运行达到平层要求。

（34）随行电缆：连接于运行的轿厢底部与井道固定点之间的电缆。

（35）缓冲器：位于行程端部，用来吸收轿厢或对重动能的一种缓冲安全装置。

（36）轿厢：电梯中用以运载乘客或其他载荷的箱形装置。

（37）轿厢架：固定和支撑轿厢的框架。

（38）门机：使轿门和（或）层门开启或关闭的装置。

（39）层门（厅门）：设置在层站入口的门。

(40) 轿厢门：设置在轿厢入口的门。

(41) 安全触板：在轿门关闭过程中，当有乘客或障碍物触及时，使轿门重新打开的机械式门保护装置。

(42) 防火门：能防止或延缓炽热气体或火焰通过的一种层门。

(43) 补偿链装置：用金属链构成的曳引绳补偿装置。

(44) 补偿绳装置：用钢丝绳和张紧轮构成的曳引绳补偿装置。

(45) 地坎：轿厢或层门入口处的带槽踏板。

(46) 轿顶检修装置：设置在轿顶上方，供检修人员检修时使用的装置。

(47) 轿顶照明装置：设置在轿顶上方，供检修人员检修时照明的装置。

(48) 底坑检修照明装置：设置在井道底坑，供检修人员检修时照明的装置。

(49) 轿厢内指层灯：设置在轿厢内，显示其运行层站的指示装置。

(50) 层门指示灯：设置在层站层门上方或一侧，显示轿厢运行层站和方向的指示装置。

(51) 控制屏：有独立的支架，支架上有金属绝缘底板或横梁，各种电子器件和电器元件安装在底板或横梁上的一种屏式电控设备。

(52) 控制柜：各种电子器件和电器元件安装在一个防护作用的柜形结构内的电控设备。

(53) 操纵箱（操纵盘）：用开关、按钮操纵轿厢运行的电气装置。

(54) 急停按钮（停止按钮）：能断开控制电路使轿厢停止运行的按钮。

(55) 曳引机：包括电动机、制动器和曳引轮在内的靠曳引绳与曳引轮槽摩擦力驱动或停止电梯的装置。

(56) 曳引绳：连接轿厢和对重装置，并靠与曳引轮槽的摩擦力驱动轿厢升降的专用钢丝绳。

(57) 端站停止开关：作用是当轿厢超越了端站后，强迫其停止。

(58) 平层装置：在平层区内，使轿厢达到平层准确度要求的装置。

(59) 极限开关：当轿厢运行超越端站停止开关后，在轿厢或对重装置接触缓冲器之前，强迫电梯停止的安全装置。

(60) 超载装置：当轿厢超过额定载重量时，能发出警告信号并使轿厢不能运行的安全装置。

(61) 导轨：供轿厢和对重（平衡重）运行的导向部件。

(62) 导轨支架：固定在井道壁或横梁上，支撑和固定导轨用的构件。

(63) 承重梁：敷设在机房楼板上面或下面、井道顶部，承受曳引机自重及其负载和绳头组合负载的钢梁。

(64) 速度检测装置：检测轿厢运行速度，将其转变成电信号的装置。

(65) 盘车手轮：靠人力使曳引轮转动的专用手轮。

(66) 层楼指示器：设置在机房内，发出轿厢运行所处层站信号的电气装置。

(67) 选层器：一种机械或电气驱动的装置。用于执行或控制下述全部或部分功能：确定运行方向、加速、减速、平层、停止、取消呼梯信号、门操作、位置显示和层门指示灯控制。

　　(68) 钢带传动装置：通过钢带,将轿厢运行状态传递到选层器的装置。

　　(69) 限速器：当电梯的运行速度超过额定速度一定值时,其动作能切断安全回路或进一步导致安全钳或上行超速保护装置起作用,使电梯减速直到停止的自动安全装置。

　　(70) 安全钳：限速器动作时,使轿厢或对重停止运行保持静止状态,并能夹紧在导轨上的一种机械安全装置。

　　(71) 门锁装置(联锁装置)：轿门与层门关闭后锁紧,同时接通控制回路,轿厢方可运行的机电联锁安全装置。

　　(72) 层门安全开关：当层门未完全关闭时,使轿厢不能运行的安全装置。

　　(73) 对重装置：由曳引绳经曳引轮与轿厢相连接,在曳引式电梯运行过程中保持曳引能力的装置。

　　(74) 消防开关：发生火警时,可供消防人员将电梯转入消防状态使用的电气开关装置；一般设置在基站。

　　(75) 护脚板：从层站地坎或轿厢地坎向下延伸、并具有平滑垂直部分的安全挡板。

　　(76) 轿厢安全窗(轿厢紧急出口)：在轿厢顶部向外开启的封闭窗,供安装、检修人员使用或发生事故时援救和撤离乘客的轿厢应急出口。窗上装有当窗扇打开或没有锁紧即可断开安全回路的开关。

　　(77) 轿厢安全门(应急门)：同一井道内有多台电梯时,在两部电梯相邻轿厢壁上向轿厢内开启的门,供乘客和司机在特殊情况下离开轿厢,而改乘相邻轿厢的安全出口。门上装有当门扇打开或没有锁紧即可断开安全回路的开关装置。

　　(78) 近门保护装置：设置在轿厢出入口处,在门关闭过程中,当出入口附近有乘客或障碍时,通过电子元件或其他元件发出信号,使门停止关闭,并重新打开的安全装置。

　　(79) 自动扶梯：带有循环运行梯级,用于向上或向下倾斜输送乘客的固定电力驱动设备。

　　(80) 自动人行道：带有循环运行(板式或带式)走道,用于水平或倾斜角不大于 $12°$ 输送乘客的梯级固定电力驱动设备。

　　(81) 提升高度：自动扶梯或自动人行道进出口两楼层板之间的垂直距离。

　　(82) 扶手装置：在自动扶梯或自动人行道两侧,对乘客起安全防护作用,也便于乘客站立扶握的部件。

　　(83) 扶手带：位于扶手装置的顶面,与梯级、踏板或胶带同步运行,供乘客扶握的带状部件。

　　(84) 扶手带入口保护装置：在扶手带入口处,当有手指或其他异物被夹入时,能使自动扶梯或自动人行道停止运行的电气装置。

　　(85) 桁架(机架)：架设在建筑结构上,供支撑梯级、踏板或胶带及运行机构等部件的金属结构件。

　　(86) 梯级：在自动扶梯桁架上循环运行,供乘客站立的部件。

　　(87) 梯级导轨：供梯级滚轮运行的导轨。

（88）梳齿板：位于运行的梯级或踏板出入口，为方便乘客上下过渡，与梯级或踏板相啮合的部件。

（89）梳齿板安全装置：当梯级、踏板或胶带与梳齿板啮合处卡入异物时，能使自动扶梯或自动人行道停止运行的电气装置。

（90）驱动链保护装置：当梯级驱动链或踏板驱动链断裂或过分松弛时，能使自动扶梯或自动人行道停止的电气装置。

（91）附加制动器：当自动扶梯提升高度超过一定值时，或在公共交通用自动扶梯和自动人行道上，增设的一种制动器。

（92）主驱动链保护装置：当主驱动链断裂时，能使自动扶梯或自动人行道停止运行的电气装置。

（93）超速保护装置：自动扶梯或自动人行道运行速度超过限定值时，能使自动扶梯或自动人行道停止运行的装置。

（94）非操纵逆转保护装置：在自动扶梯或自动人行道运行中非人为的改变其运行方向时，能使其停止运行的装置。

（95）检修控制装置：利用检修插座，在检修自动扶梯或自动人行道时的手动控制装置。

（96）围裙板安全装置：当梯级、踏板或胶带与围裙板之间有异物夹住时，能使自动扶梯或自动人行道停止运行的电气装置。

（97）扶手带断带保护装置：当扶手带断裂时，能使自动扶梯或自动人行道停止运行的电气装置。

（98）梯级、踏板塌陷保护装置：当梯级或踏板任何部位断裂下陷时，使自动扶梯或自动人行道停止运行的电气装置。

六、电梯控制方式

1. 手柄开关操纵（轿内开关控制）

电梯司机转动手柄位置（开断/闭合）来操纵电梯运行或停止。

2. 按钮控制

电梯运行由轿厢内操纵盘上的选层按钮或层站呼梯按钮操纵。某层站乘客将呼梯按钮揿下，电梯就启动运行应答。在电梯运行过程中如果有其他层站呼梯按钮揿下，控制系统只能把信号记存下来，不能应答，而且也不能把电梯截住，直到电梯完成前应答运行层站之后方可应答其他层站呼梯信号。

3. 信号控制

集合各层站呼梯信号，将与电梯运行方向一致的呼梯信号按先后顺序排列好，电梯依次应答接运乘客。电梯运行取决于电梯司机操纵，而电梯在何层站停靠由轿厢操纵盘上的选层按钮信号和层站呼梯按钮信号控制。电梯往复运行一周可以应答所有呼梯信号。

4. 集选控制

在信号控制的基础上集合召唤信号进行有选择的应答。电梯可有(无)司机操纵。在电梯运行过程中可以应答同一方向所有层站呼梯信号和操纵盘上的选层按钮信号,并自动在这些信号指定的层站平层停靠。电梯运行响应完所有呼梯信号和指令信号后,可以返回基站待命;也可以停在最后一次运行的目标层待命。

5. 下集选控制

下集选控制时,除最低层和基站外,电梯仅将其他层站的下方向呼梯信号集合起来应答。如果乘客欲从较低的层站到较高的层站,须乘电梯到底层或基站后再乘电梯到要去的高层站。

6. 并联控制

并联控制时,两台电梯共同处理层站呼梯信号。并联的各台电梯相互通信,相互协调,根据各自所处的层楼位置和其他相关的信息,确定一台最适合的电梯去应答每一个层站呼梯信号,从而提高电梯的运行效率。

7. 群控

群控是指将两台以上电梯组成一组,由一个专门的群控系统负责处理群内电梯的所有层站呼梯信号。群控系统可以是独立的,也可以隐含在每一个电梯控制系统中。群控系统和每一个电梯控制系统之间都有通信联系。群控系统根据群内每台电梯的楼层位置、已登记的指令信号、运行方向、电梯状态、轿内载荷等信息,实时将每一个层站呼梯信号分配给最适合的电梯应答,从而最大限度地提高群内电梯的运行效率。群控系统中,通常还可选配上班高峰服务、下班高峰服务、分散待梯等多种满足特殊场合使用要求的操作功能。

8. 串行通信

对象之间的数据传递是根据约定的速率和通信标准,一位一位地进行传送。串行通信的最大优点是可以在较远的距离、用最少的线路传送大量的数据。电梯控制系统的串行通信主要是指装在控制柜中的主控系统和轿厢控制器、层站控制器等部件之间的串行通信,以及群控系统和属下各主控系统之间、并联时主控系统相互之间的串行通信。除了涉及安全的信号外,其他电梯控制系统所用的数据都可通过串行通信的方式相互传送。

9. 远程监视

远程监视装置通过有线或无线电话线路、Internet 网络线路等介质,和现场的电梯控制系统通信,监视人员在远程监视装置上能清楚了解电梯的各种信息。

10. 电梯管理系统

一种电梯监视控制系统,采用可靠线路连接,用微机监视电梯状态、性能、交通流量和故障代码等,同时可以实现召唤电梯、修改电梯参数等功能。

第二节　电梯型号规格和分类方法

一、电梯的主要参数

1. 额定载重量
额定载重量：400kg、630kg、800kg、1000kg、1250kg、1600kg、2000kg、2500kg 等。

2. 额定速度
额定速度：0.63m/s、1.00m/s、1.60m/s、2.50m/s 等。

二、电梯的基本规格

1. 电梯的用途
电梯的用途：客梯、货梯、病床梯等。

2. 额定载重量
额定载重量即制造和设计规定的电梯载重量（主参数）。

3. 额定速度
额定速度即制造和设计规定的电梯运行速度（主参数）。

4. 拖动方式
拖动方式即电梯采用的动力种类，分为交流电力拖动、直流电力拖动、液力拖动等。

5. 控制方式
控制方式即对电梯的运行实行操纵的方式，分为手控制、按钮控制、信号控制、集选控制、并联控制、梯群控制等。

6. 轿厢尺寸
轿厢尺寸分为轿厢内部尺寸和外廓尺寸，以深×宽表示。

7. 门的形式
电梯门的结构形式分为中分门、旁开门、直分门等。

三、我国电梯的型号意义

1. 组成
我国电梯型号由类、组、型代号，主参数代号，控制方式代号三部分组成，如图1-3所示。
第一部分，类、组、型和改型代号。
类、组、型代号由具有代表意义的大写汉语拼音字母表示。

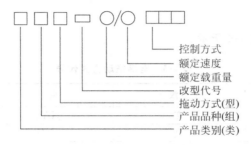

图 1-3　电梯型号代号顺序示意

改型代号按顺序用小写汉语拼音字母表示，置于类、组、型代号的下方。

第二部分，主参数代号。

左上方为电梯的额定载重量；

右下方为额定速度；

中间用斜线分开；

以上均用阿拉伯数字表示。

第三部分，控制方式代号。

控制方式代号用具有代表意义的大写汉语拼音字母表示。

2. 类别代号

类别代号如表 1-1 所示。

表 1-1　电梯类别代号

产品类别	代表汉字	拼音	采用代号
电梯 液压梯	梯	TI	T

3. 品种（组）代号

品种（组）代号如表 1-2 所示。

表 1-2　电梯品种（组）代号

产品类别	代表汉字	拼音	采用代号
乘客电梯	客	KE	K
载货电梯	货	HUO	H
客货电梯	两	LIANG	L
病床电梯	病	BING	B
住宅电梯	住	ZHU	Z
杂物电梯	物	WU	W
船用电梯	船	CHUAN	C
观光电梯	观	GUAN	G
汽车电梯	汽	QI	Q

4. 拖动方式代号

拖动方式代号如表 1-3 所示。

表 1-3　电梯拖动方式代号

拖动方式	代表汉字	拼音	采用代号
交流	交	JIAO	J
直流	直	ZHI	Z
液压	液	YE	Y

5. 主参数代号

主参数代号如表 1-4 所示。

表 1-4　电梯主参数代号

额定载重量/kg	表示	额定速度/(m/s)	表示
400	400	0.63	0.63
630	630	1.0	1.0
800	800	1.6	1.6
1000	1000	2.5	2.5

6. 控制方式代号

控制方式代号如表 1-5 所示。

表 1-5　电梯控制方式代号

控 制 方 式	代表汉字	采用代号
手柄开关控制、自动门	手、自	SZ
手柄开关控制、手动门	手、手	SS
按钮控制、自动门	按、自	AZ
按钮控制、手动门	按、手	AS
信号控制	信号	XH
集选控制	集选	JX
并联控制	并联	BL
梯群控制	群控	QK
微机控制	微	W

（1）TKJ1000/1.6-JX 表示：交流调速乘客电梯，额定载重量 1000kg，额定速度 1.6m/s，集选控制。

（2）TKZ1600/1.6-BL 表示：直流调速乘客电梯，额定载重量 1600kg，额定速度 1.6m/s，并联控制。

（3）THY2000/1.0-AS 表示：液压货梯，额定载重量 2000kg，额定速度 1.0m/s，按钮控制、手动门。

四、国外电梯的表示方法

国外电梯的表示方法如图 1-4 所示。

图 1-4　国外电梯型号顺序示意

（1）YP—15—C090 表示：交流调速乘客电梯。额定乘客人数 15 人，中分式电梯门，额定速度 90m/min。

（2）F—1000—2S45 表示：货物电梯。额定载重量 1000kg，两扇旁开式电梯门，额定速度 45m/min。

五、电梯分类方法

1. 按速度分类

（1）低速电梯（丙类梯）：$V \leqslant 1$m/s；如 0.25m/s、0.5m/s、0.75m/s、1.0m/s。常用在 10 层以下的建筑物或客货两用电梯或货梯。

（2）快速电梯（乙类梯）：1m/s$<V<2$m/s；如 1.5m/s、1.75m/s。常用在 10 层以上的建筑物。

（3）高速电梯（甲类梯）：2m/s$\leqslant V \leqslant 3$m/s；如 2.0m/s、2.5m/s、3.0m/s。常用在 16 层以上的建筑物。

（4）超高电梯：$V>3$m/s；如 5.0m/s、8.0m/s。常用于超高层（楼高 100m 以上）建筑物。

2. 按用途分类

（1）乘客电梯，代号 TK，适用于高层住宅或办公大楼、宾馆、饭店、旅馆的电梯。

（2）载货电梯，代号 TH，用于运载货物、装在手推车或机动车上的货物及伴随的装卸人员。

（3）客货两用电梯，代号 TL，主要用作运送乘客，但也可运送货物的电梯。它与乘客电梯的区别在于轿厢内部装饰结构不同。通常称此类梯为服务梯，一般为低速电梯。

（4）病床电梯，代号 TB，医院里用于运送病人、医疗器械和救护设备的电梯。其特点是轿厢窄而深，常要求前后贯通开门。对运行稳定性要求较高，运行中噪音应力求减少，一般有专职司机操作。

（5）住宅电梯，代号 TZ，供居民住宅楼使用的电梯。主要运送乘客，也可运送家用物件或生活用品。

（6）杂物电梯，代号 TW，也叫服务电梯。供运送一些轻便的图书、文件、食品等，但不允许人员进入轿厢，由门外按钮控制。运行速度通常小于 0.5m/s。

（7）船用电梯，代号 TC，指固定安装在船舶上为乘客和船员或其他人员使用的提升设备，它能在船舶的摇晃中正常工作。速度一般应不大于 1m/s。

（8）观光电梯，代号 TG，是一种轿厢壁透明、供乘客观光的电梯。

（9）车辆电梯，代号 TQ，又叫汽车电梯。是用作各种客车、轿车或货车的垂直运输设备。如高层或多层车库、仓库等处都有使用。这种电梯的轿厢面积较大，要与所装用的车辆相匹配，其构造则应充分牢固，有的是无轿顶的；升降速度一般都较低（$V<1m/s$）。

（10）特种电梯（其他电梯），用作专门用途的电梯，如冷库电梯、防爆电梯、矿井电梯、建筑工程电梯等。

3. 按曳引电动机的种类分类

（1）交流电梯。交流双速电梯电动机是双速。交流调速电梯电动机有调速装置。

（2）直流电梯。直流有齿电梯有减速箱。直流无齿电梯无减速箱。

4. 按驱动（传动）方式分类

（1）钢丝绳式：用钢丝绳来带动轿厢运行。分为鼓轮式、曳引式。

（2）液压式：用油缸柱塞驱动轿厢运行。分为直接柱塞式、侧柱式。

（3）齿轮齿条式：齿条固定在构架上，电动机——齿轮机构装在轿厢上，靠齿轮在齿条上的爬行来驱动轿厢运行。一般用于户外建筑施工。

（4）螺旋式：通过丝杆旋转，使螺母和它连接的轿厢升降运行。

（5）直线电机式：用直线电机作为动力源，是目前使用的最新式驱动的电梯。

5. 按有无司机操纵分类

（1）有司机电梯：必须有专职司机操纵的电梯。

（2）无司机电梯：不需要专门司机，而由乘客自己操纵，具有集选功能的电梯。

（3）有/无司机电梯：根据电梯控制电路及客流量等，平时可改由乘客自己操纵电梯运行，客流量大或必要时可由司机操纵。

6. 按控制方式分类

（1）手柄控制，代号 S。

（2）按钮控制，代号 A。

（3）信号控制，代号 XH。

（4）集选控制，代号 JX。

（5）群控控制，代号 QK。

（6）并联控制，代号 BL。

（7）微机控制，代号 W。

7. 按机房位置分类

（1）机房上置式电梯：机房位于井道上部。

（2）机房下置式电梯：机房位于井道下部。

（3）无机房电梯：主机设于轿厢。

8. 其他使用的特殊梯和自动梯

（1）斜行梯：为地下火车和山坡站倾斜安装，轿厢运行为倾斜直线上下，即同时具有水平和垂直两个方向的输送能力，也是一种集观光和运输于一体的输送设备。

（2）座椅梯：人坐在由电动机驱动的椅子上，控制椅子手柄上的按钮，使椅子下部的动力装置驱动人椅，沿楼梯扶栏的导轨上下运动。

（3）冷库梯：在大冷库或制冷车间，运送冷冻货物，需要满足门扇、导轨等活动处冰封、浸水要求。

（4）消防梯：在发生火警情况下，用来运送消防人员、乘客和消防器材等。

（5）矿井梯：供矿井内运送人员及货物之用。

（6）特殊梯：供特殊工作环境下使用，如有防爆、耐热、防腐等特殊用途电梯。

（7）建筑施工梯：运送建筑施工人员及材料之用，可随施工中的建筑物层数而加高。

（8）滑道货梯：在建筑物内配置，常与建筑物人走道平行运送货物。

（9）运机梯：能把地下机库中几十至上百吨重的飞机，垂直提升到飞机场跑道上。

（10）门吊梯：在大型门式超重机的门腿中，运送在门机中工作的人员及检修机件等。

（11）自动扶梯：①端部驱动自动扶梯（或称链条式自动扶梯）。②中间驱动的自动扶梯（或称齿条式自动扶梯），分为直线型和螺旋型。

（12）自动人行道：①端部驱动的自动人行道（或称链条式自动人行道）。②中间驱动的自动人行道（或称齿条式自动人行道），分为踏步式和平带式。

第三节　电梯的基本原理

一、电梯基本原理

以曳引式电梯为例，如图 1-5 所示，安装在机房的电动机通过减速箱、制动器等组成的曳引机系统，使曳引钢丝绳通过曳引轮，一端连接轿厢，一端连接对重装置，轿厢与对重装置的重力使曳引钢丝绳压紧在曳引轮绳槽内产生摩擦力，电动机转动带动曳引轮转动，通过曳引轮产生的摩擦力驱动钢丝绳，拖动轿厢沿导轨和对重作相对运动。即轿厢上升，对重下降；轿厢下降，对重上升。于是，轿厢就能在井道中沿着导轨上、下往复运行，完成载人或载货竖直升降的任务。

二、电梯运行的条件

轿厢和对重能做相对运动是靠曳引绳和曳引轮间的摩擦力来实现。

曳引绳和曳引轮间的摩擦力为曳引力（T）。

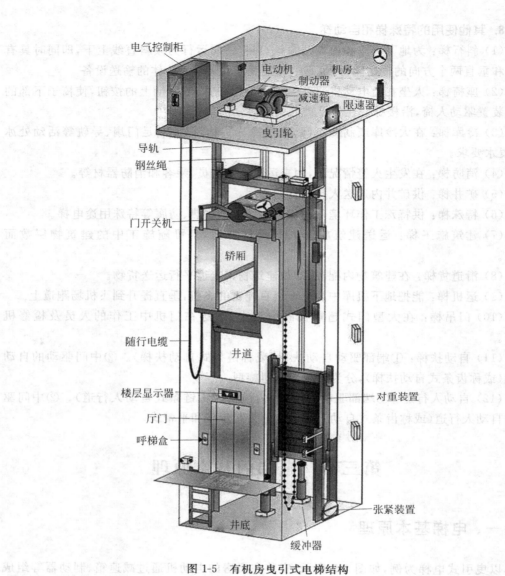

电气控制柜
电动机
制动器
减速箱
限速器
机房
曳引轮
导轨
钢丝绳
门开关机
轿厢
随行电缆
井道
楼层显示器
厅门
呼梯盒
对重装置
张紧装置
缓冲器
井底

图 1-5 有机房曳引式电梯结构

电梯运行的条件为曳引力（T）必须大于或等于曳引绳中较大载荷力（P_1）与较小载荷力（P_2）之差。即 $T \geqslant P_1 - P_2$。

（一）增大曳引力的方法

要在保证曳引绳不会在曳引轮绳槽中打滑的情况下增大曳引力。

（1）选择合适形状的曳引轮绳槽；

（2）增大曳引绳在曳引轮上的包角；

（3）选择耐磨且摩擦系数大的材料制造的曳引轮；

（4）曳引绳不能过度润滑；

（5）平衡系数为 0.4～0.5；

（6）电梯不超过额定载荷。

（二）曳引式驱动型电梯的必需要求

当对重压在缓冲器上而曳引机按电梯上行方向旋转时，不能提升轿厢向上运行，防止电梯冲顶。

（三）电梯运行受力分析

1. 电梯上行加速阶段受力分析（T_1）

此阶段电梯向上作加速运动，载荷力（P_1、P_2）受轿厢和对重惯性力的影响，受力情况如下。

左侧（轿厢侧）：

$$P_1 = (G+Q)(1+a/g)$$

右侧（对重侧）：

$$P_2 = W(1-a/g)$$

曳引力：

$$T_1 = P_1 - P_2 = (G+Q)(1+a/g) - W(1-a/g)$$

式中：G——轿厢自重（kg）；

$\quad\ Q$——额定载重量（kg）；

$\quad\ W$——对重重量（kg）；

$\quad\ a$ ——电梯加速度（m/s²）；

$\quad\ g$ ——重力加速度（9.8m/s²）。

2. 电梯稳定上行阶段受力分析（T_2）

此阶段电梯匀速运行，无加速度，载荷力（P_1、P_2）只与轿厢和对重的重量有关，受力情况如下。

左侧（轿厢侧）：

$$P_1 = (G+Q)$$

右侧（对重侧）：

$$P_2 = W$$

曳引力：

$$T_2 = P_1 - P_2 = (G+Q) - W$$

3. 电梯上行减速阶段受力分析（T_3）

此阶段电梯减速制动，载荷力（P_1、P_2）受轿厢和对重惯性力的影响，但作用力方向与前面加速时相反，受力情况如下。

左侧（轿厢侧）：

$$P_1 = (G+Q)(1-a/g)$$

右侧（对重侧）：

$$P_2 = W(1 + a/g)$$

曳引力：

$$T_3 = P_1 - P_2 = (G + Q)(1 - a/g) - W(1 + a/g)$$

4. 电梯下行加速阶段受力分析（T_4）

此阶段电梯向下作加速运动，惯性的作用方向与上行减速阶段相同，受力情况如下。

曳引力：

$$T_4 = T_3 = (G + Q)(1 - a/g) - W(1 + a/g)$$

5. 电梯稳定下行阶段受力分析（T_5）

此阶段与电梯稳定上行阶段相同，电梯也是作匀速运动，受力情况如下。

曳引力：

$$T_5 = T_2 = (G + Q) - W$$

6. 电梯下行减速阶段受力分析（T_6）

此阶段电梯惯性作用方向与上行加速阶段相同，受力情况如下。

曳引力：

$$T_6 = T_1 = (G + Q)(1 + a/g) - W(1 - a/g)$$

注意：上述所示计算中，均未考虑曳引绳的自重、随行电缆的重量、导靴与导轨的摩擦力及电梯在运行中的空气阻力等因素。

结论：通过上述受力分析可知，在电梯的运行过程中，随着电梯轿厢重量大小的不同和电梯运行所在阶段的不同，其曳引力不仅有大小的变化，而且还会出现负值。当曳引力为负值时，表明力的方向与轿厢运行方向相反，力的作用能影响（控制）电梯的速度。

（四）曳引力矩分析

曳引力矩——曳引力作用在曳引轮上的力矩（存在正、负曳引力矩）。

曳引力矩：

$$M = T \cdot D/2$$

式中：T——曳引力；

$D/2$——曳引轮半径。

电梯上行三个阶段（加速、稳定、减速）的曳引力矩分析：

$$M_1 = T_1 \cdot D/2$$

$$M_2 = T_2 \cdot D/2$$

$$M_3 = T_3 \cdot D/2$$

电梯下行三个阶段（加速、稳定、减速）的曳引力矩分析：

$$M_4 = -T_4 \cdot D/2$$
$$M_5 = -T_5 \cdot D/2$$
$$M_6 = -T_6 \cdot D/2$$

式中：下行时,曳引轮的旋转方向改变,故在计算前加负号。

当电梯满载上升时(轿厢向上运行),曳引力和曳引力矩为正,表明力矩的作用是驱动轿厢运行,其曳引系统的功率流向为：

曳引电动机→减速箱→曳引轮→曳引绳→轿厢。

结论：电梯的曳引系统输出动力。

当电梯满载下行时(轿厢向下运行),曳引力和曳引力矩为负,表明力矩的作用方向与曳引轮的旋转方向相反,其力矩的作用是控制轿厢速度,此时曳引系统的功率流向为：

轿厢→曳引绳→曳引轮→减速箱→曳引电动机。

结论：电梯的曳引系统是在消耗动力,曳引电动机作发电制动运行。

若电梯半载运行时,向上为驱动状态；向下为制动状态；若电梯在轻载运行时,则向上为制动状态,向下为驱动状态。

第四节　电梯的总体结构

一、电梯的总体结构

电梯的总体结构如图 1-6 所示。

二、电梯四大空间

1. 机房主要构件(装置)

机房主要构件(如图 1-7 所示)包括曳引系统,控制柜、屏(电气控制、电力拖动系统),门系统,导向系统(也有在楼板下面),轿厢系统,安全保护系统,重量平衡系统等,还包括承重梁(也有在楼板下面)、电源总开关、限速器、极限开头、选层器、缓冲器、发电机及励磁柜(直流电梯),曳引钢丝绳锥套与绳头组合(曳引比为 2：1)、曳引钢丝绳(绕在曳引轮上),地震报警保护器(VVVF 电梯)等。

2. 井道主要构件(装置)

井道主要构件(如图 1-8 所示)包括轿厢导轨、对重导轨、导轨支架和压道板、配线槽、对重对重轮(有的没有)、曳引钢丝绳、平层感应装置(遮磁板)、限速钢丝绳张紧装置、随线电缆支架、端站强迫减速装置、端站限位开关、极限开关碰轮、限速器胀绳轮、缓冲器、补偿装置、轿厢(总体)、中间接线盒、底坑检修灯。

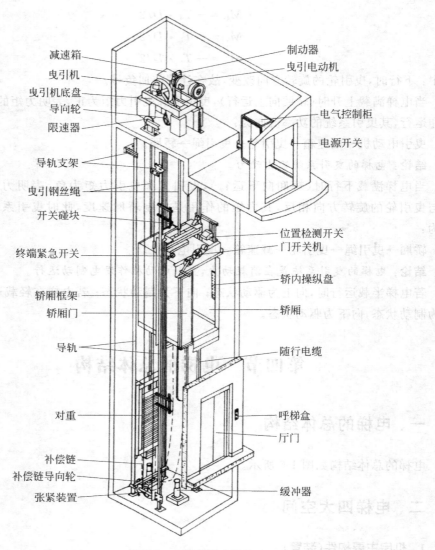

图 1-6 电梯的基本结构

（图中标注）
减速箱　制动器　曳引机　曳引电动机　曳引机底盘　导向轮　电气控制柜　限速器　电源开关　导轨支架　曳引钢丝绳　开关碰块　位置检测开关　门开关机　终端紧急开关　轿内操纵盘　轿厢框架　轿厢　轿厢门　导轨　随行电缆　对重　呼梯盒　厅门　补偿链　补偿链导向轮　张紧装置　缓冲器

3. 轿厢主要构件（装置）

轿厢主要构件（如图 1-9 所示）包括轿顶、吊顶轮（曳引比为 2∶1），轿厢壁板，操纵箱，轿门，轿底；还包括轿厢架（横梁、立柱、斜拉杆、轿底等）、自动门机构、自动安全触板、门刀装置、自动门调整装置、光电子保护防夹装置、轿厢召唤按钮、控制电梯功能按钮、轿厢顶检修按钮及安全灯、平层感应器、护脚板、平衡链、导靴、对重、轿厢导轨用油杯、急停按钮、安全窗及其保护开关、安全钳、轿厢超载装置、电话、绳头板等。

4. 层站主要构件（装置）

层站主要构件（如图 1-10 所示）包括层楼显示器、自动层门钥匙开关、手动钥匙开关、层门（厅门）、层门门锁、层门门框、层门地坎、呼梯按钮、到站钟。

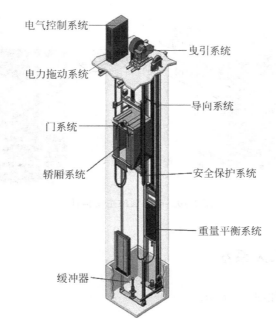

图 1-7 电梯机房主要构件

图 1-8 电梯井道主要构件

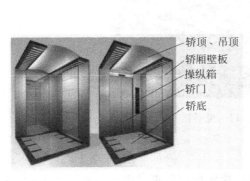

图 1-9 电梯轿厢主要构件

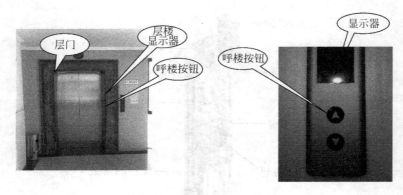

图 1-10　电梯层站主要构件

三、电梯的八大系统

电梯的八大系统如图 1-7 所示。

1. 曳引系统

功能：输出与传递动力，驱动电梯运行。

组成的主要构件与装置：曳引机（如图 1-11 所示），曳引钢丝绳，导向轮，反绳轮等。

图 1-11　曳引机

2. 导向系统

功能：限制轿厢和对重的活动自由度，使轿厢和对重只能沿着导轨作上、下运动。

组成的主要构件与装置：轿厢的导轨，对重的导轨及其导轨架，如图 1-12 所示。

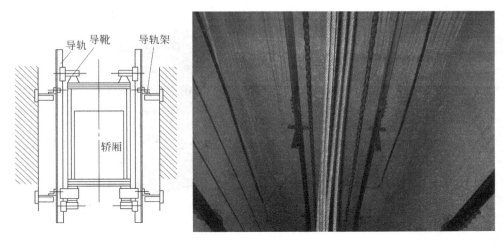

图 1-12　导向系统

3. 轿厢系统

功能：用以运送乘客和（或）货物的组件，是电梯的工作部分。

组成的主要构件与装置：轿厢架和轿厢体，如图 1-13 所示。

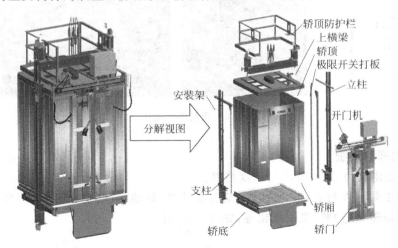

图 1-13　轿厢系统

4. 门系统

功能：乘客或货物的进出口，运行时层、轿门必须封闭，到站时才能打开。

组成的主要构件与装置：轿门，层门，开门机，层门框架，门锁装置等，如图 1-14 所示。

5. 重量平衡系统

功能：相对平衡轿厢重量以及补偿高层电梯中曳引绳长度的影响。

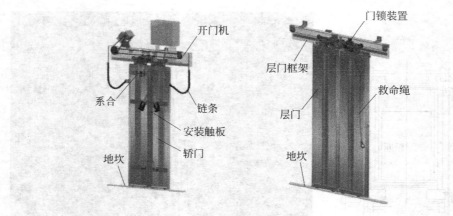

图 1-14　门系统

组成的主要构件与装置：对重和重量补偿装置等，如图 1-15 所示。

图 1-15　重量平衡系统

6. 电力拖动系统

功能：提供动力，对电梯实行速度控制。

组成的主要构件与装置：惯性轮，曳引电动机，制动器，制动电磁铁，速度反馈装置，蜗轮蜗杆减速器、联轴器、曳引绳轮等，如图 1-16 所示。

图 1-16　电力拖动系统

7. 电气控制系统

功能：对电梯的运动实行操纵和控制。

组成的主要构件与装置：操纵装置、位置显示装置、控制屏（柜）、平层装置、选层器等，如图 1-17 所示。

图 1-17　电气控制系统

8. 安全保护系统

功能：保证电梯安全使用，防止一切危及人身安全的事故发生。

组成的主要构件与装置：机械方面有限速器，安全钳，缓冲器，端站保护装置等，如图 1-18 所示。

　(a)限速器　　　　　　(b)安全钳　　　　(c)缓冲器　　　(d)端站保护装置

图 1-18　安全保护系统

电气方面有超速保护装置，供电系统断相错相保护装置，超越上下极限工作位置的保护装置，层门锁与轿门电气联锁装置等。

<h1 style="text-align:center">第五节　自动扶梯知识</h1>

一、自动扶梯的结构

自动扶梯一般由梯级、牵引链条（或称梯级链）、（梯路）导轨（系统）、（金属）桁架、驱动装置、扶手装置（护栏、护手带）、张紧（站）装置，电气控制系统、安全保护系统等组成，如图 1-19 所示。

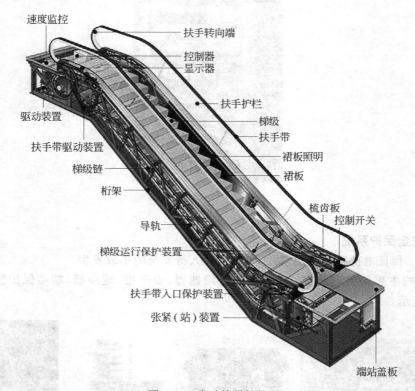

图 1-19　自动扶梯结构

1. 梯级

作用：供乘客站立。

组成：由踏板、踢板、梯级轮（主轮和副轮）、梯级轮支架、轮轴等组成。

类型：梯级分为整体压铸式（常用）和分体式两种。

2. 牵引链条（又称梯级链）

作用：是传动牵引力的主要构件。

组成：由销、滚子、链板和套筒等组成。

类型：一般为套筒滚子链,也有采用链条式结构的牵引齿条(一般为中间驱动装置采用)。

3. 梯路导轨系统

作用：用于支承梯级主轮及副轮传递来的梯路载荷,保证梯级按一定的规律运动及防止梯级跑偏。

组成：由主轮、副轮的导轨、反轨、导轨支架及转向壁等组成。

4. 金属桁架(又称金属骨架)

作用：支承自动扶梯的各个部件、承受各种载荷以及将建筑物两个不用层高的地面连接起来。

类型：一般分为整体焊接和分体焊接两种。

5. 驱动装置

作用：将动力传递给梯路系统及扶手系统。

组成：由电动机、减速器、中间传动件、制动器、驱动链条及驱动轮等部件组成。

类型：驱动装置的基本形式有链式和齿式两种;驱动装置的设置位置有端部驱动和中间驱动两种;驱动装置的安装方式分直立式和卧式两种。

6. 扶手装置

功能：一个功能是供站立在梯级上的乘客安全乘梯之用,另一个功能是装潢自动扶梯及商场环境。

组成：护壁板、围裙板、内盖板、外盖板、斜角盖板、扶手带及传动系统组成。

7. 张紧装置

作用：使自动扶梯的牵引链条获得恒定的张力,以补偿在运转过程中牵引链条的伸长。

组成：拖动链条、压簧、碰块、行程开关等。

8. 制动装置

作用：制停电梯。一般分为工作制动器和附加制动器。

(1) 工作制动器：也叫主制动器,是自动扶梯正常制停时使用的制动器。形式多采用鼓式(又称块式)、带式或盘式设计,一般安装在电动机高速轴上,可使自动扶梯和自动人行道在停止运行过程中,以接近匀减速度使其停止运转,并能保持停止状态。工作制动器在动作过程中应无故意的延迟现象。

(2) 附加制动器：当自动扶梯提升高度超过一定值时,或在公共交通自动扶梯和自动人行道上增设的一种制动器。由于驱动主机与驱动主轴间的传动元件多使用传动链条进行连接,如果传动链条出现突然断裂、驱动主机的输出轴或电动机与减速箱之间的联轴器发生破断,则工作制动器与主驱动轴之间就失去了联系。此时,即使有安全开关使电源断电,电动机停止运转,也无法使自动扶梯停止运行。特别是在有载上行时,自动扶梯将突然反向运转并产生超速向下运行,导致恶性事故的出现。应对这种情况的方法是,在驱动主轴上装设一个机械摩擦式制动器,直接对主驱动轴实行制动,这个制动器称为附加制动器或辅助制动器。GB 16899—2011 规定，自动扶梯在下列任何一种情况下都应设置附加制动器：①工作制动器和梯级、踏板或胶带驱动装置之间不是用轴、齿轮、多排链条或多根单排链条连接的；②工作制动器没有使用机电式制动器；③提升高度大于 6m；④公共交通型自动扶梯。

9. 梳齿前沿板

作用：保护乘客上下安全。

组成：前沿板、梳齿板、梳齿三部分。

10. 电气控制系统

作用：实现对自动扶梯的启动、正反转、停止、安全保护等控制。

组成：主电路、控制电路和安全保护电路组成。

11. 安全保护系统

功能：实现对自动扶梯的各种安全保护。

组成如图 1-20 所示。

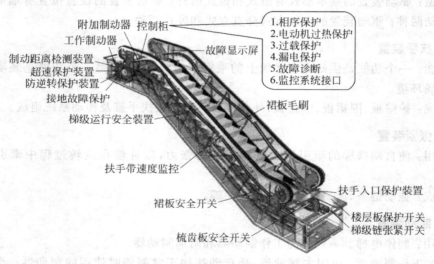

图 1-20　自动扶梯安全保护系统

二、自动扶梯的安全部件

1. 牵引链过长或断裂保护装置

当牵引链条过分伸长或断裂时，牵引链条向后移动，碰块也随之后移，触及行程开关，使行程开关动作后断电，从而停机，起到安全保护作用。

2. 梳齿板安全装置

一旦有异物卡阻梳齿时，梳齿板向后或向上移动，利用一套机构使拉杆向后移动，从而使行程开关动作,达到断电停机的目的。

3. 扶手带入口保护装置

一旦有异物从扶手带经过毛刷进入进入口时,碰到板,板利用杠杆原理放大行程后触及行程开关,使行程开关动作,达到断电停机的目的。

4. 梯级、踏板塌陷保护装置

梯级是载人的重要部件,一旦发生支架断裂,主轮破裂,踏板断裂等现象时,会造成梯级下陷故障,容易发生重大人身伤亡事故。一旦发生故障,下陷部位碰及检测杆,使检测杆摆动轴旋转一个角度,轴上的凹块也随之旋转一个角度,伸入凹块的行程开关触点动作,从而达到断电停机的目的。

5. 驱动链断链保护装置

自动扶梯的驱动装置都是通过双排套筒滚子链或3~4根三角皮带,将动力通过减速器再传递给驱动主轴的。如果发生链条断裂或皮带断裂现象,后果相当危险。因此,按规定提升高度超过6m,应配置此保护装置。

当驱动链条断裂后,触及行程开关的检测杆,使行程开关动作,主电动机断电停机;同时带动附加制动器动作,制动驱动主轴。

6. 扶手带断带保护装置

当扶手带没有经过大于25kN的破断力试验时,必须设置此保护装置。扶手带通过驱动轮使之传动,一旦扶手带断裂,受扶手带压制的行程开关上的滚轮向上摆动,行程开关动作,从而达到断电停机的目的。

作为保护开关的信号传感器一般采用行程开关。

以上六种为必备的联锁保护开关,另外还有特殊要求的安全保护开关,如围裙板安全装置、电气超速保护装置、非操纵逆转保护装置、速度监控装置、静电放电装置、围裙板上的安全刷等。

三、自动扶梯梯级拆装

(1)梯级拆卸前应先在扶梯上下机房出入口设置安全围栏,挂上警示标示牌,防止非工作人员进入。

(2)打开上下机房梯头盖板,按下急停开关,接上检修控制盒,将要拆卸的梯级运行到梯级嵌位处,然后断开扶梯主电源。

(3)在下机房处拆卸梯级时,先将梯级挡板拆卸后,再用梯级工具拆卸梯级,将梯级拆卸下来后由另一工作人员将梯级放置在不阻碍工作的地方。

(4)安装梯级时,应将梯级空位对应好梯级嵌位,然后把梯级装置好,确认好梯级安装稳固后才能检修试运行,检修运行时应站在地面位置。

(5)确认梯级装置安装好并试运行无碍后,将所有开关恢复正常状态,盖好梯头盖板,电梯正常运行一段时间确认无碍后,收拾工具,清理现场后离场。

四、自动扶梯的维护保养

1. 梯路系统保养

技术规程：①拆掉 3 只检修梯级；②观察梯级导轨；③检查梯级链条及张紧度；④逐个检查梯级；⑤察看梯级下陷保护装置；⑥检查梯级两侧与挡轮间隙。

检验标准：①运行时平稳，无异常噪声；②梯级出入梳齿板时能对准中心，梳齿啮入梯槽内深度符合标准；③检查立杆的距离是否符合标准；④防偏轮与梯级二侧面的距离必调整到规定距离。

2. 扶手系统保养

技术规程：①检查扶手带的出入口；②检查扶手带的运行速度是否与梯级同步；③检查扶手带的表面和里面有无明显伤痕和摩擦迹象；④扶手带的张紧度；⑤检查扶手带转向端；⑥检查扶手滑轮群及托辊；⑦检查扶手带摩擦轮；⑧扶手带表里的清洁工作。

检验标准：①观察扶手带上、下运行时，是否在护口中间；②运行速度与梯级运行之差是否符合本企业标准；③检查扶手带有无钢丝外露和伤痕来源，并排除之；④扶手带的张紧度是否符合本企业标准，不符合可以调整；⑤滑轮群和托辊必须运转自如、平稳、无噪声。摩擦轮的磨损情况应符合。

3. 检查安全保护装置

技术规程：①扶手带断带安全开关；②裙板安全开关；③梯级下陷保护开关；④梯级链断链开关；⑤超速保护开关；⑥扶手带入口保护开关；⑦梳齿板安全开关；⑧主驱动链断链保护开关；⑨非操作逆转保护开关；⑩梯级上跳开关；⑪断错相保护器；⑫热过载保护器。

检验标准：①每只安全开关必须性能可靠，灵敏，开关自如；②开关与挡块的距离符合本企业产品要求。

4. 保养调整传动部件

技术规程：①减速机的运行状态检查；②制动器的保养，适当调节制动弹簧确保制动力矩；③链轮的检查；④主传动链检查；⑤扶手传动链的保养。

检验标准：①减速机是否平稳；②有无异常噪声；③制动器的闸瓦带磨损度检查；④主动链轮和被动轮的磨损；⑤主动传动链的张紧度；⑥插销是否齐全，有无脱落；⑦扶手传动链的张紧是否符合各企业的标准。

5. 护壁板、内外盖板、围裙板的清洁工作（有的单位是甲方自理）

技术规程：①扶手支架清洁无污；②护壁板光洁明亮，可用洗洁精喷后用干布擦净；③内外盖板接缝平整，没有间隙；④围裙板。

检验标准：①无垃圾、无油垢、无积尘；②上、下端部安全标签完整无损；③盖板接缝处无明显台阶。

6. 检查控制照明系统

检查控制照明系统：①上下钥匙开关；②上下急停开关；③检修盒及上下检修插座；

④照明控制开关；⑤检修照明灯；⑥扶手照明及梯级间隙照明。

检验标准：①钥匙开关的方向与运行方向一致；②急停开关有效；③检修开关使用时必须能与钥匙开关互锁；④灯管、灯泡罩壳无破损现象。

7．梯路的清洁工作

技术规程：①拆掉的 3 个检修梯级空挡，做导轨的清洁工作；②用棉布擦主副导轨，如有垃圾或硬垢用铲刀刮铲。

检验标准：①梯级主副轮在导轨上行迹时无噪声、无跳动；②导轨上清洁、无油垢。

8．梯级的清洁工作和整体检查

技术规程：①梯级的踏板和圆弧板处无油垢、灰尘；②梯级的齿槽完整无损；③梯级的滑块厚度符合标准；④梯级主副轮完整、无损，运行平稳。

检验标准：①梯级必须完好无损，清洁无污；②梯级主副轮外径及轴承必须符合本企业标准、无噪声；③梯级滑块磨损度符合标准。

9．上、下机房的清洁工作

技术规程：①上、下机房不得放置与自动扶梯无关的物品；②所有机器、控制箱柜清洁无污，无积水、积油、积灰；③线路清晰、捆扎牢固，没有与运行、旋转部件发生摩擦现象。

检验标准：①上、下机房、盖板、前沿板槽沟内均清洁无油垢；②行线、无断线、脱线、脱皮。

10．润滑油的补充与更换

技术规程：①减速箱的润滑油液面检查；②加油装置的检查；③梯级链、驱动链、扶手驱动链的润滑油补充；④梯级滑块与围裙板之间的润滑；⑤所有转动、活动部位、易锈部位的注油工作。

检验标准：①要求所加的润滑油标号准确、油质优良、油量合适；②电机、减速箱运转无噪声、无异常发热；③所有传动链的销轴和滚珠部位均保持有适当润滑油；④梯级滑块与围裙板无摩擦噪声，有黄油润滑；⑤活动部位如制动臂、销轴、螺钉部位均无生锈、干枯、缺油现象。

自动扶梯必须有专门培训经考核合格的专业人员维护保养。

保养周期一般为 1～2 周一次（也可根据实际情况而定）。

保养工作主要为：①擦拭机件、电气元件；②检查各机电零件的工作情况；③对各需润滑部件进行加油。

中型保养：一般半年到 1 年一次，检修清洗更换零部件。

大型保养：一般 3 年一次。

大型保养检修的内容为全部零件的清洗调整及损坏零件的更换。

第二章

上岗实操训练与指引

训练一　轿顶的操作与运行

一、要求与说明

1. 总要求

通过训练,掌握电梯维修的安全操作规程以及在轿顶检修运行状态下安全操纵电梯运行的能力。

2. 场地及设备要求

采用 3 层/3 站或以上的、经年审合格的交流双速(或调速)客货梯一台(本书本章的示范采用用教学电梯,下同)。

3. 工具要求

三角锁匙一条、螺丝批一把,常用专用工具一套。

4. 时间要求

20min 内完成,超时 1min 扣 2 分,超时 10min 判不合格。

5. 评分要求

满分为 100 分,60 分以上(含 60 分)为合格,60 分以下为不合格。

二、评分标准

评分标准如表 2-1 所示。

表 2-1　轿顶的操作与运行评分标准

序号	内　容	配分及评分标准
1	进入轿顶的安全操作	20 分
	(1) 戴安全帽,设置护栏; (2) 用专用三角锁匙开启层门操作时,注意身体重心保持平衡; (3) 开门时先慢慢拉开门扇(100～200mm),观察轿顶位置,确认能在该层安全进出时,才完全打开层门; (4) 确认电梯位置(口述响应)	(1) 不戴安全帽扣 10 分,不正确戴安全帽扣 5 分,不设护栏扣 5 分; (2) 身体重心不平衡扣 2 分; (3) 未按要求开门扣 5 分; (4) 没有口述确认扣 10 分,扣完为止

续表

序号	内　　容	配分及评分标准
2	进入轿顶的步骤	25分
	进入轿顶前应先按下"停止"装置,打开照明灯(若条件允许),然后才进入轿顶,慢慢地关闭层门,最后扳至检修状态,严禁跳入轿厢	(1) 未先按停止装置扣10分; (2) 跳入轿厢扣10分,未打照明灯扣5分; (3) 其余未按要求做各扣5分,扣完为止
3	根据指令操纵电梯运行	20分
	要求:要'应答'老师的每次指令,准确把轿厢运行至指定位置。 (1) 轿顶人员是否处于安全位置; (2) 按老师指令并"应答"操作行驶; (3) 按点动运行,观察轿厢与周边物体是否有不安全因素存在,然后再按长距离运行	(1) 处于不安全位置操作扣10分; (2) 未按指令"应答"操作行驶扣5分; (3) 错误操作的扣5分,扣完为止
4	轿顶的安全操作	10分
	根据指令,点动到指定位置停梯并检查	(1) 没有按指令停梯扣2分; (2) 没有按下停止装置扣10分,扣完为止
5	退出轿顶的安全操作	25分
	退出轿顶时必须将轿顶停在安全位置(轿顶不超出层门地坎300mm),按下停止装置,然后打开层门,安全退出轿顶后,学生站在层门外,再把检修开关至正常位置、熄灯,把停止装置复位,再轻力关闭层门,并检查门锁是否锁紧	(1) 没有按下停止装置,扣10分; (2) 没有按要求安全退出轿顶,扣10分; (3) 没有按要求将检修、照明及停止开关复位,没有检查门锁是否锁紧,扣2分/项,扣完为止
6	操作超时扣分(以负数表示)	限时20min;每超时1min扣2分,超时10min判不合格

三、主要操作过程及注意事项

(1) 戴安全帽,设置护栏,如图2-1所示。

(a) 戴安全帽　　　　　　　(b) 护栏1　　　　　　　　(c) 护栏2

图2-1　戴安全帽,设置护栏

（2）进入轿顶前步骤，如图 2-2 所示。

(a) 三角锁匙　　　(b) 用三角锁匙开启层门　　(c) 慢慢拉开门扇　(d) 按下"停止"装置,开照明灯

图 2-2　进入轿顶步骤

（3）缓缓进出轿顶，如图 2-3 所示，严禁跳入轿厢。

(a) 进轿顶　　　　　　　　　(b) 出轿顶

图 2-3　进出轿顶

（4）根据老师指令操纵电梯运行，操作按钮如图 2-4 所示。

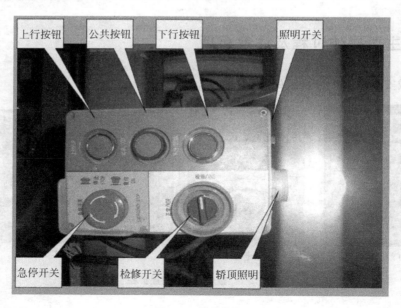

图 2-4　操作按钮

四、口述问答及注意事项

1. 在轿厢顶上维修时的安全注意事项

（1）各层站挂"正在维修"或"电梯维护中"警示牌。

（2）非维修人员严禁进入轿厢顶，进入前注意轿厢所处位置（口述出"电梯轿顶停在适合进入的位置"）。

（3）进入轿厢顶时，首先切断轿厢顶上检修箱上的急停开关，再打开轿顶照明灯，最后将电梯置于检修状态。

（4）在轿厢顶上的维修人员一般不得超过三人，不准将身体的任何部位探出护栏，电梯运行由专人操纵，并做好"应答"制度。

（5）维修时，严禁站在轿厢与层门之间进行操作，严禁吸烟。

（6）离开轿厢顶时，应将操作盒上各功能开关复位，轿顶上不允许存放工具、备件、杂物，检查层门是否关好。最后，试运行电梯，正常后方可离去。

2. 轿顶急停

位置：轿顶检修箱上的红色（蘑菇头形状）按钮。

作用：供检修人员在轿顶工作时使用，按下后能切断安全保护电路。

3. 安全窗开关

位置：轿顶安全窗旁边。

作用：当打开安全窗时，能切断安全保护电路。

4. 安全钳开关

位置：轿顶横梁的安全钳连杆机构旁。

作用：当该开关动作时，切断安全保护电路。

5. 轿顶检修开关

位置：轿顶检修箱上的旋钮开关。

作用：供维保人员在轿顶进行检修慢车上、下行操作时使用。

训练二　交流双速电梯的电气故障排除

一、要求及说明

1. 总要求

通过训练，熟悉交流双速电梯的电气控制电路，以及能使用继电器程序法来确定电气故障发生在哪个环节控制电路，使用短接法（或电位法）来判断某电路的故障点，达到排除电路故障的目的。

2. 场地及设备要求

4 层/4 站以上的交流双速电梯（APM）控制柜一台，模型电梯一台。

3. 工具要求

万用表一台；电工工具一套；连接线若干。

4. 时间要求

30min 内完成；每超时 1min 扣 2 分；超时 10min 判不合格。

5. 评分要求

满分为 100 分，60 分（含 60 分）以上为合格，60 分以下为不合格。

二、评分标准

评分标准如表 2-2 所示。

表 2-2 交流双速电梯的电气故障排除评分标准

序号	内　容	配分及评分标准
1	指出交流双速电梯各电路名称和作用	20 分
	指出拖动控制电路、安全保护电路、门联锁电路、内选电路、外呼电路、轿厢位置检出电路、自动定向电路、开关门控制和安全触板电路、快车启动电路、运行电路、换速电路、停车保持电路、平层电路的继电器、接触器的位置和作用	错或漏答电路、继电器、接触器的名称和作用，每个扣 5 分，只知名称不知作用，每个扣 2 分，扣完为止
2	按要求讲述并操作电梯上下运行时各继电器、接触器的动作过程	60 分
	（1）正确区分电器种类和工作电压；	（1）10 分，不能正确区分电器种类或工作电压各扣 5 分；
	（2）按要求正确操纵电梯（包括选层定向、关门）；	（2）10 分，不能完成操作扣 10 分，未按要求操作扣 2～5 分；
	（3）边操作边口述电梯运行过程中，各继电器、接触器先后吸合、释放顺序和步骤	（3）40 分，口述电梯运行的基本程序，每错或漏一处基本程序扣 8 分；错或漏答步序，每错或漏一处扣 3～5 分，扣完为止
3	用短接法（或电位法）排除电路故障	20 分
	要求：口述短接法或电位法注意事项并在指定 10 分钟内准确找出两处故障（分别在安全电路、自动定向电路设置故障点）	不能正确口述扣 5～10 分；在指定时间内找出 1 个故障点，扣 10 分；不能完成或短接负载扣 20 分，扣完为止
4	严重违反安全操作规程	人为造成电气短路故障或触电事故，判不合格
5	操作超时扣分（以负数表示）	限时 30min；每超时 1min 扣 2 分，超时 10min 判不合格

三、操作主要过程及注意事项

（1）交流双速电梯控制电路如图 2-5～图 2-8 所示。

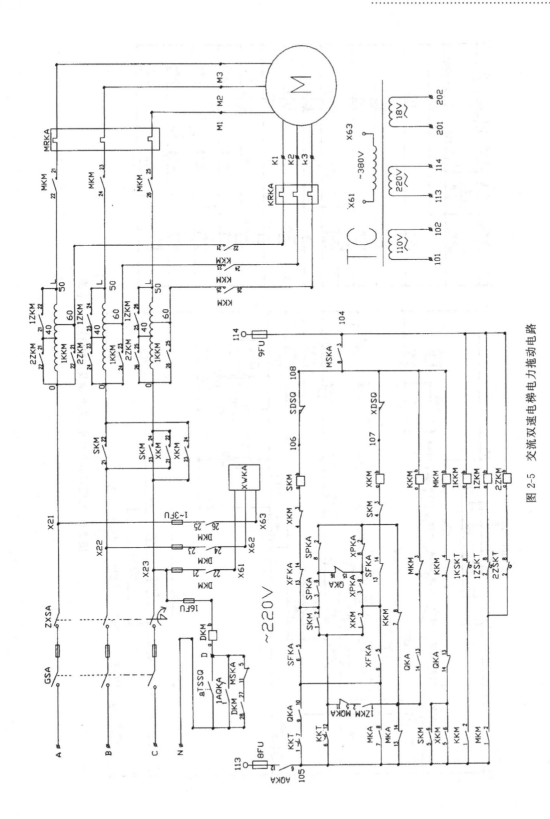

图 2-5 交流双速电梯电力拖动电路

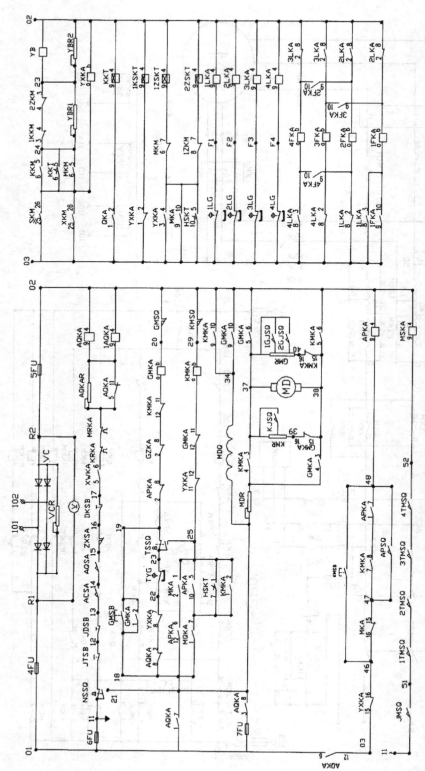

图 2-6　交流双速电梯开关门控制及轿厢位置检出电路

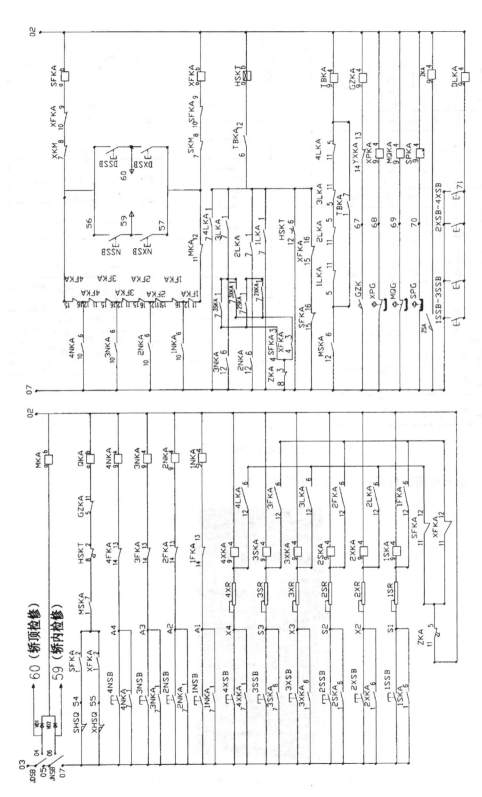

图 2-7　交流双速电梯内选、外呼、定向电路

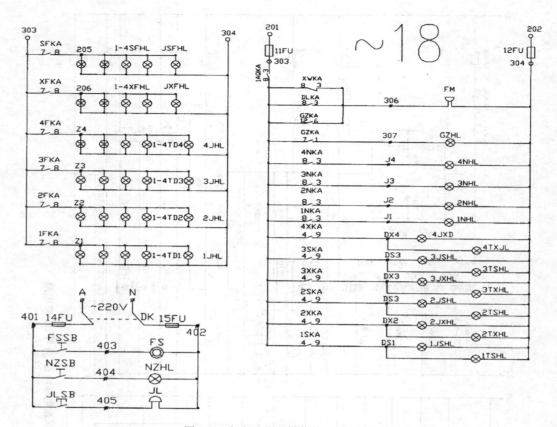

图 2-8　交流双速电梯信号、照明电路

（2）控制电箱元件结构，如图 2-9 所示。

图 2-9　交流双速电梯控制电路电箱元件结构

（3）交流双速电梯控制电路电箱元件代号与电路图对照及说明。

① 熔断器（短路保护为 1～13 RD），如图 2-10 所示。

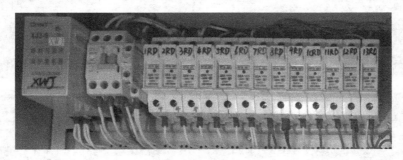

图 2-10 熔断器

② 电阻、电容如图 2-11 所示。电阻、电容代号及名称如表 2-3 所示。

图 2-11 电阻、电容

表 2-3 电阻、电容名称代号及作用

序号	旧元件代号	新元件代号	名 称
1	ZR	ZR	经济电阻
2	ZFR	ZFR	泄放电阻
3	YJR	YKAR	YJ 保护电阻
4	HSR	HSR	停层时继保护电阻
5	HSC	HSC	停层时继保护电容
6	1SR	1SR	一楼上行召唤消号电阻
7	2SR	2SR	二楼上行召唤消号电阻
8	2XR	2XR	二楼下行召唤消号电阻
9	3XR	3XR	三楼下行召唤消号电阻
10	KSR	KSR	快车运行时继保护电阻
11	KSC	KSC	快车运行时继保护电容
12	KS1R	KS1R	快车加速时继保护电阻
13	KS1C	KS1C	快车加速时继保护电容
14	ZS1R	ZS1R	慢车第一时继保护电阻
15	ZS1C	ZS1C	慢车第一时继保护电容
16	ZS2R	ZS2R	慢车第二时继保护电阻
17	ZS2C	ZS2C	慢车第二时继保护电容

③ 继电器（部分），如图 2-12 所示，继电器代号及名称如表 2-4 所示。

图 2-12 继电器

表 2-4 继电器名称标识及作用

序号	旧元件代号	新元件代号	名　称
1	KJ	KKA	快车运行继电器
2	1KSJ	1KSKA	快车加速继电器
3	1ZSJ	1ZSKT	慢车第一制动继电器
4	2ZSJ	2ZSKT	慢车第二制动继电器
5	1SJ	1SKA	一楼上召唤继电器
6	2SJ	2SKA	二楼上召唤继电器
7	3SJ	3SKA	三楼上召唤继电器
8	2XJ	2XKA	二楼下召唤继电器
9	3XJ	3XKA	三楼下召唤继电器
10	4XJ	4XKA	四楼下召唤继电器
11	DJ(XWJ)	DKA(XWKA)	相序继电器
12	YJ	YKA	电压继电器
13	1YJ	1YKA	电压辅助继电器
14	1NJ	1NKA	一楼指令继电器
15	2NJ	2NKA	二楼指令继电器
16	3NJ	3NKA	三楼指令继电器
17	4NJ	4NKA	四楼指令继电器
18	1LJ	1LKA	一楼层楼信号继电器
19	2LJ	1LKA	二楼层楼信号继电器
20	3LJ	1LKA	三楼层楼信号继电器
21	4LJ	4LKA	四楼层楼信号继电器
22	MSJ	MSKA	门联锁继电器
23	APJ	APKA	开门辅助继电器（安全触板继电器）
24	XPJ	XPKA	下平层继电器
25	FBJ(MQJ)	FBKA(MQKA)	开门区域继电器
26	SPJ	SPKA	上平层继电器

续表

序号	旧元件代号	新元件代号	名　　称
27	LJ	LKA	召梯蜂鸣器
28	TBJ	TBKA	停车保持继电器
29	HSJ	HSKT	换速时间继电器
30	KMJ	KMKA	开门继电器
31	GMJ	GMKA	关门继电器
32	SFJ	SFKA	向上运行继电器
33	XFJ	XFKA	向下运行继电器
34	MJ	MKA	检修运行继电器
35	QJ	QKA	快车启动继电器
36	YXJ	YXKA	运行继电器
37	1FJ	1FKA	一楼层楼辅助继电器
38	2FJ	2FKA	二楼层楼辅助继电器
39	3FJ	3FKA	三楼层楼辅助继电器
40	4FJ	4FKA	四楼层楼辅助继电器

④ 接触器（部分）如图 2-13 所示，接触器代号及名称如表 2-5 所示。

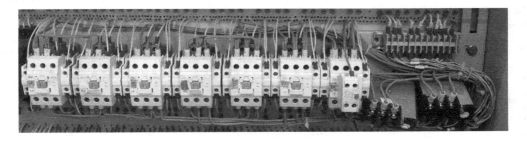

图 2-13　接触器

表 2-5　接触器名称标识及作用

序号	旧元件代号	新元件代号	名　　称
1	MC	MKM	慢车接触器
2	1KC	1KKM	快车短接接触器
3	1ZC	1ZKM	慢车第一级短接接触器
4	2ZC	2ZKM	慢车第二级短接接触器
5	KC	KKM	快车接触器
6	SC	SKM	上行接触器
7	XC	XKM	下行接触器

（4）交流双速电梯程序法。

交流双速电梯程序图，以1楼上2楼为例，如图 2-14 所示。

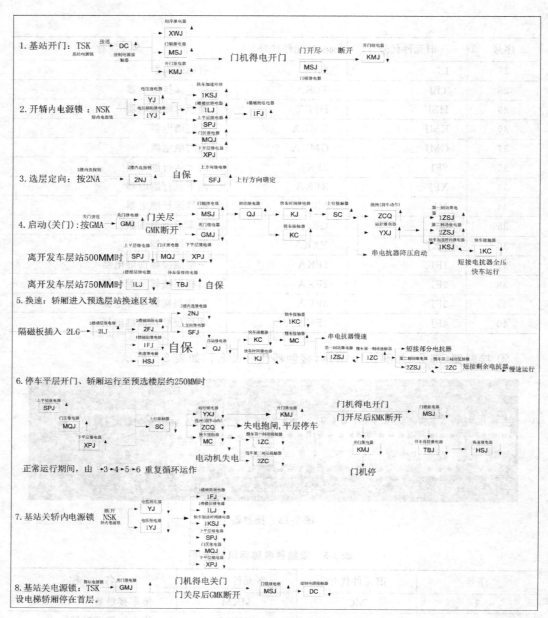

图 2-14　电梯程序图

四、口述问答及注意事项

（一）讲述电路组成、作用和位置

1. 拖动控制电路

由上行接触器 SC(SKM)、下行接触器 XC(XKM)、快车接触器 KC(KKM)、慢车接触器 MC（MKM）、第一慢车制动接触器 1ZC（1ZKM）、第二慢车制动接触器 2ZC（2ZKM）和端站上限位开关 SDK（SDSQ）、下限位开关 XDK（XDSQ）等组成。

作用：控制曳引电动机正、反转，加、减速和停梯。

位置：机房的控制柜内、电梯井道。

2. 安全保护电路

由安全继电器 YJ（AQKA）、安全辅助继电器 1YJ（1AQKA）组成。

电路中包括：轿内电源锁开关 NSK（NSSA）、轿内急停 JTK（JTSB）、轿顶急停 DTK（DTSB）、安全窗开关 AQK（AQSQ）、安全钳开关 ACK（ACSQ）、限速器断绳开关 ZXK（ZXSQ）、底坑急停 KTK（KTSB）、相序继电器触点 XWJ（XWKA）、快车热继电器触点 KRJ（KFR）、慢车热继电器触点 MRJ（MFR）等串联组成。

作用：确保电梯安全运行及维修人员维修电梯时的安全。当安全电路工作不正常时，安全继电器 YJ（AQKA）、安全辅助继电器 1YJ（1AQKA）不能吸合，电梯无法正常运行。

位置：机房的控制柜内及电梯的四大空间。

3. 门联锁电路

由门联锁继电器 MSJ（MSKA）及各层层门的门联锁电器触点 1-4TMK（TMSQ）和轿门电器联锁触点 JMK（JMSQ）组成。

作用：保护乘客及运载物品的安全，电梯在正常运行时必须要将所有的层门及轿门关闭好，电梯才能启动运行。

位置：机房的控制柜内及层门、轿门的上坎。

4. 开关门电路及安全触板电路

由开门继电器 KMJ（KMKA）、关门继电器 GMJ（GMKA）及安全触板继电器 APJ（APKA）组成。

作用：根据指令信号接通开门或关门控制电路，指挥门机做开门或关门动作。在关门过程中碰到安全触板时，停止关门并立即开门。

位置：机房的控制柜内、轿顶的开关门控制系统上和轿门的门框上。

5. 轿厢位置检出电路

由层楼感应器 1-4LG、层楼继电器 1-4LJ（LKA）、层楼辅助继电器 1-4FJ（FKA）按顺序连接而成。

作用：检出轿厢位置。

位置：机房的控制柜内、电梯井道和轿厢顶上。

6. 内选电路

由轿厢内的选层按钮 1-4NA（NSB）和选层继电器 1-4NJ（NKA）组成。

作用：记忆司机选定的层站，在到达的层站时，消去该层站的信号。

位置：机房的控制柜内、轿厢操纵箱上。

7. 外呼电路

由层站外的上召唤按钮 1-3SA（SSB）、下召唤按钮 2-4XA（XSB）和召唤继电器 1-3SJ

(SKA)、2-4XJ(XKA)组成。

作用：记忆层站外候梯乘客的上行、下行召唤信号,当轿厢到达本层站时,消去顺向信号,保留逆向信号。

位置：机房的控制柜内、层站操纵盒上。

8. 定向电路

由层楼辅助继电器 1-4FJ(FKA)和选层继电器的触点及上行方向继电器 SFJ(SFKA)、下行方向继电器 XFJ(XFKA)组成。

作用：确定电梯的运行方向,运行方向由轿厢位置和内选或外呼信号决定。

位置：机房的控制柜内。

9. 快车启动电路

由上端站强迫换速开关 SHK(SHSQ)、下端站强迫换速开关 XHK(XHSQ)、上行方向继电器 SFJ(SFKA)、下行方向继电器 XFJ(XFKA)、门联锁继电器 MSJ(MSKA)、换速继电器 HSJ(KSKA)、超载继电器 GZJ(GZKA)、启动继电器 QJ(QKA)组成。

作用：发出启动指令和换速指令。

位置：机房的控制柜内、轿厢和层门上坎。

10. 运行电路

由上行接触器 SC(SKM)、下行接触器 XC(XKM)、快车接触器 KC(KKM)、慢车接触器 MC(MKM)等组成。

作用：控制电磁制动器线圈,得电松闸,失电抱闸的动作及检测电梯是否处于运行状态。

位置：机房的控制柜内。

11. 停车保持电路

由门联锁继电器 MSJ(MSKA)、停车保持继电器 TBJ(TBKA)等组成。

作用：为换速电路的转换作好准备。

位置：机房的控制柜内。

12. 换速电路

停车保持继电器 TBJ(TBKA)和换速继电器 HSJ(KSKA)组成。

作用：令轿厢在到达预选层站换速区域时,发出换速指令。

位置：机房的控制柜内。

13. 平层电路

由上平层感应器 SPG、开门区域感应器 MQG、下平层感应器 XPG 和相应的上平层继电器 SPJ(SPKA)、开门区域继电器 MQJ(MQKA)、下平层继电器 XPJ(XPKA)组成。

作用：检测并控制电梯平层,并发出停梯指令。若平层误差过大时能自动反向再平层。

位置：机房的控制柜内、轿厢顶上。

14．超载电路

由超载开关 GZK（GZSQ）、超载继电器 GZJ（GZKA）组成。

作用：当电梯轿内的乘客或货物超过额定载定重量的 10％时，称量装置发出超载信号，电梯无法关门启动运行。

位置：机房的控制柜内、轿厢。

（二）电位法

1．概念

所谓电位法，就是使用万用表的电压挡检测电路某一元件两端电位的高低，以确定电路（或触点）工作情况的方法。

2．作用

测定触点的通或断。当触点两端的电位一样，即电压降为零，也就是电阻为零，判断触点为通；当触点两端电位不一样，电压降为电源电压，也就是触点电阻为无限大，则可判断触点为断。用同样方法，也可以测定继电器线圈是否断路或短路。

3．注意

使用电位法，电路必须通电，因而检测时，要注意做好防触电的安全措施，身体部件不可直接触及带电部件；并注意选择合适的挡位，以免损坏仪表或控制板。

（三）短接法

1．概念

所谓短接法，就是用一段导线，逐段控制电路中各个开关接点（或线路），模拟该开关（或线路）闭合（或接通）来检查故障的方法。

2．作用

主要用来寻找电路的断点，检测触点或线路是否接通的一种临时的方法，当发现故障点后，应立即拆除短接线，不允许用短接线代替开关或触点的接通。

3．注意

采用短接法时，电路必须通电，因而检测时，除了要注意做好防触电的安全措施外，记住一定不能把负载短接，以免发生短路危险。

（四）电器种类与电压等级

电器种类：熔断器、电阻（分固定与可调）、电容（分电解电容和普通电容）、继电器（分中间继电器、热继电器、时间继电器等）、接触器（分交流与直流）、电抗器、变压器等。

（五）电压等级

电力拖动电路：交流 380V；

拖动控制电路：交流 220V；

电气控制电路：直流 110V；

信号指示、照明电路：交流 18V；

轿内照明、进道照明电路：交流 220V（独立控制）。

训练三　调整电梯厅门及自动门锁

一、要求与说明

1. 总要求

电梯的厅门和自动门锁的调整，是电梯维修人员必须具备的基本技能之一，这里要求的仅是对厅门和自动门锁电气部分的一般调整。

2. 场地及设备要求

在室内；电梯厅门实操装置一座，带自重力向下锁紧式自动门锁。

3. 工具、量具配置

钳工工具一套，线坠一套，150mm 直钢尺一把，塞规一副，厅门调整垫片少许。

4. 时间要求

30min 内完成，每超时 1min 扣 2 分，超时 10min 判不合格。

5. 评分要求

满分为 100 分，60 分以上（含 60 分）为合格，60 分以下为不合格。

二、评分标准

评分标准如表 2-6 所示。

表 2-6　调整电梯厅门及自动门锁评分标准

序号	内　　容	配分及评分标准
1	层门的检查与调整	40 分
	(1) 检查并调整层门关闭后，门扇之间、门扇与立柱、门扇与门楣、门扇与地坎之间的间隙（客梯≤6mm，货梯≤8mm）；	(1) 10 分，不会检查和调整，每项扣 2 分；
	(2) 检查和调整门扇的垂直度（参考值≤2mm）；	(2) 10 分，不会检查和调整，每项扣 5 分；
	(3) 检查调整层门滑轮组件上的挡轮与导轨间隙，应符合企业标准要求（参考值 0.3～0.7mm）；	(3) 10 分，不会检查和调整，每项扣 5 分；
	(4) 检查并调整层门自闭装置	(4) 10 分，不会检查和调整，每项扣 5 分

续表

序号	内　　容	配分及评分标准
2	检查和调整层门门锁装置	50 分
	（1）10 分，调整方法错误扣 5 分；	（1）检查调整层门锁钩与定位挡块之间的间隙（参考值 2～3mm）；
	（2）15 分，调整结果错误扣 5 分，不会调整扣 15 分；	（2）检查调整锁钩与定位挡块之间的啮合，在电气安全装置作用时，锁紧元件的最小啮合长度为 7mm；
	（3）10 分，不会检查调整扣 10 分；	（3）检查调整门锁装置电气触点的接触可靠性（参考值：超行程 2～4mm）；
	（4）15 分，漏答或答错一处扣 5 分，不会回答扣 15 分	（4）简述锁紧元件电气触点是否符合安全触点要求，什么是安全触点
3	安全文明工作	10 分
	正确穿戴安全帽与使用工具、安全防护，清理现场，收集工具	不安全文明工作扣 5～10 分
4	操作超时扣分（以负数表示）	限时 30min；每超时 1min 扣 2 分，超时 10min 判不合格

三、操作主要过程及注意事项

（1）检查门扇的垂直度，如图 2-15 所示；检查门扇与地坎之间的间隙，如图 2-16 所示。

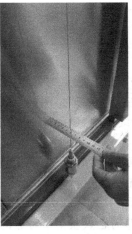

图 2-15　检查门扇的垂直度　　　　　　图 2-16　检查门扇与地坎之间的间隙

（2）检查门扇与立柱之间的间隙，如图 2-17 所示；检查层门滑轮组件上的挡轮与导轨间隙，如图 2-18 所示。

（3）检查和调整层门门锁装置，如图 2-19 所示。

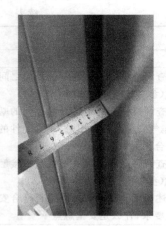  

图 2-17　检查门扇与立柱之间的间隙　　　　　　图 2-18　检查挡轮与导轨间隙

图 2-19　检查和调整层门门锁装置

四、口述问答及注意事项

　　安全触点是安全电路的基本元件之一。安全触点的静触点始终保持静止状态，动触点由驱动元件推动，当动、静触点在接触的初始状态时，两触点间产生一个初始压力，随着驱动元件的推进，动、静触点间产生一个最终压力，供触点在变压状态下有良好的接触，直至推动到位终止，触点在变压状态下工作。

　　安全触点动作时，应由断路装置将其可靠地断开，即使两触点熔接在一起也应断开。安全触点动作时，两点断路的桥式触点，有一定行程余量，断开时触点应能可靠地断开。即当所有触点的断开元件处于断开位置且在有效行程内，动触点和施加驱动力的驱动机构之间无弹性元件（如弹簧）施加作用力，即为触点获得了可靠的断开。

　　驱动机构动作时，必须通过刚性元件迫使触点断开，断开后触点间距不小于 4mm，对于多分断点安全触点其间距不得小于 2mm。除上述要求外，安全触点还应具备合乎要求的绝缘性能、电气间隙、爬电距离等。

　　在用电梯中，所使用的安全开关均应是安全触点传送电气信号，如层门联锁触点、安全钳保护开关、限速器超速保护开关、张紧绳保护开关、轿顶和底坑停止开关等。

训练四　自动扶梯的操纵和维修保养

一、要求与说明

1. 总要求

自动扶梯是由链式输送机和胶带输送机组成,带有循环连续输送,能在一定倾斜度上下输送乘客的电力驱动设备。近年来,自动扶梯的使用越来越广泛。提高电梯维修人员维修保养自动扶梯能力,具有重要意义。

2. 场地及设备要求

提升高度大于2.5m自动扶梯一台;梯级踏板拆装实操设备一台。

3. 工具要求

钳工工具一套,万用表一台。

4. 时间要求

30min内完成;每超时1min扣2分,超时10min判不合格。

5. 评分要求

满分为100分,60分以上(含60分)为合格,60分以下为不合格。

二、评分标准

评分标准如表2-7所示。

表2-7　自动扶梯的操纵和维修保养评分标准

序号	内　　容	配分及评分标准
1	操纵自动扶梯检修运行	30分
	(1) 简述自动扶梯的结构,指出它们的名称和作用;	(1) 10分,漏一个扣2分;
	(2) 指出自动扶梯的安全保护装置的名称、安装位置和作用;	(2) 10分,漏一个扣2分;
	(3) 检修状态下操作自动扶梯上、下运行(按照老师指令并且应答后点动自动扶梯上、下运行,点动后复位)并口述其安全操作注意事项	(3) 10分,未按指令操作扣5分/次。不会口述扣5分
2	梯级与围裙板间隙检查与测量	20分
	(1) 口述自动扶梯梯级和围裙板间隙要求;	(1) 10分,回答问题不正确扣10分;
	(2) 选用正确的测量工具和确定测量位置	(2) 10分,选错工具扣5分;测量位置不正确扣5分

续表

序号	内　　容	配分及评分标准
3	指出自动扶梯下述安全保护装置的名称、位置和作用	40 分
	（1）梯级下陷安全保护装置的位置和作用；	（1）10 分，回答不正确扣 10 分；
	（2）梳齿板入口安全保护装置的安装位置和作用，梳齿板入口安全装置有几种结构形式；	（2）10 分，回答不正确扣 10 分；
	（3）驱动链安全保护装置的位置和作用；	（3）10 分，回答不正确扣 10 分；
	（4）梯级传动链安全保护装置的位置和作用	（4）10 分，回答不正确扣 10 分
4	安全文明生产	10 分
	正确穿戴安全帽，设置安全防护区域，清点工具，清理现场	未按要求做，有不文明行为扣 5～10 分
5	操作超时扣分（以负数表示）	限时 30min；每超时 1min 扣 2 分，超时 10min 判不合格

三、操作主要过程及注意事项

（1）自动扶梯的结构、名称和作用；自动扶梯安全保护装置的名称、安装位置和作用等内容见本书第一章第五节相关内容。

（2）梯级与围裙板间隙检查与测量，如图 2-20 所示。

图 2-20　梯级与围裙板间隙检查与测量

四、口述问答及注意事项

检修状态下操作自动扶梯上、下运行（按照指令并且应答后点动自动扶梯上、下运行，点动后复位）并口述其安全操作注意事项。

（一）检修状态下操作自动扶梯上、下运行步骤

（1）在上、下机房前设置好安全护栏及警示标志牌；

（2）检查及确认在上、下机房，桁架，梯级及梳齿板上无作业人员或其他人员；

（3）断开控制电源，打开机房盖板，安装好检修操纵盒；

（4）清点全部作业员的人数并确认其全部处于安全状态后进行操作；

（5）操作时，应先进行点动运行（点上或点下），确认无异常情况再连续运行；

（6）运行过程中应留意有无异常的声音及活动部位工作状况，充分准备好操作姿势之后再进行。

（二）安全操作注意事项

（1）确认手动盘车旋柄、制动器释放工具是否已拆开；

（2）班组长在启动扶梯前应确认作业者及第三者的安全状况；

（3）启动时应先确认周围的安全情况，响蜂鸣器，切实地进行了联络和大声复述之后才开始运行；

（4）操作者应密切注意周围的安全情况，保持随时可以紧急停止扶梯运行的姿势；

（5）在桁架内作业时禁止检修运行及自动运行；

（6）在有开口部（机房未盖盖板或有空梯级）的情况下严禁自动运行；

（7）准备进行维修作业时，应转换成检修运行状态后再进行；

（8）工作时，工具、零件应摆放整齐，防止坠落；

（9）工作完成后，应仔细检查各部件是否有不正常状态，如重新安装的部件是否正确，或遗留了工具等。

（三）扶梯梯级与围裙板间隙要求

（1）单边不大于 4mm；双边不大于 7mm。

（2）用钢尺或斜塞尺进行测量。

（3）在梯级与围裙板左右间隙的前后方进行，双边间隙要在同一水平线上量取。

（四）梳齿板入口安全装置结构形式

梳齿板入口安全装置一般有上移式和后移式两种。

训练五　制动器调整

一、要求与说明

1. 总要求

制动器调整好坏不仅影响电梯的安全性能，也影响电梯运行的质量。所以要求在指定的制动器上，按标准完成制动器调整。

2. 场地要求

带照明的通风考室，带三相五线自动空气开关电源和 110V 直流电源。

3. 设备要求

使用卧式曳引机的制动器一台。

4. 工具要求

钳工工具一套，塞尺一副，绝缘表一台，电工工具若干。

5. 时间要求

20min 内完成，每超时 1min 扣 2 分，超时 10min 判不合格。

6. 评分说明

满分为 100 分。

二、评分标准

评分标准如表 2-8 所示。

表 2-8　制动器调整评分标准

序号	考 核 内 容	配分及评分标准
1	测量制动器绝缘电阻 (1) 绝缘电阻要求值（口述标准要求）； (2) 绝缘表的选用和接线； (3) 绝缘表的选挡和读数； (4) 断电测量，不允许带电测量	20 分 (1) 5 分，不知道要求扣 5 分，答错一个扣 5 分； (2) 5 分，不会选用和接线，扣 5 分； (3) 5 分，不会选挡和读数，扣 5 分； (4) 5 分，带电测量扣 5 分
2	调整电磁衔铁间隙 (1) 置两块磁铁在中间对称位置；正确调整磁铁间隙符合产品设计要求（参考值 2～4mm）； (2) 调整完成后锁紧螺母； (3) 断电状态下调整，不允许带电调整	20 分 (1) 10 分，不会调整扣 10 分，不在中间对称位置扣 5 分，间隙不符合要求扣 5 分； (2) 5 分，调整完成后未锁紧螺母，每一处扣 5 分； (3) 5 分，带电调整扣 5 分
3	调整制动力 (1) 按标准调整制动力（口述标准要求）； (2) 调整完成后锁紧螺母； (3) 断电状态下调整，不允许带电调整	20 分 (1) 10 分，不会调整和不知道标准要求扣 10 分； (2) 5 分，调整完成后未锁紧螺母扣 10 分； (3) 5 分，带电调整扣 5 分
4	调整制动闸瓦与制动轮之间的平均间隙（标准≤0.7mm） (1) 调整限位螺杆与端面间隙（参考值 0.25～0.35mm），调整完成后锁紧螺母； (2) 调整闸瓦与制动轮的接触面积应不小于80%；调整完成后锁紧螺母； (3) 断电状态下调整，不允许带电调整	20 分 (1) 10 分，不会调整和不知道标准要求扣 10 分，单边调对扣 5 分； (2) 5 分，不会调整扣 5 分，未锁紧螺母扣 5 分； (3) 5 分，带电调整扣 5 分
5	通电试验 (1) 先慢车后快车，制动器动作应灵活可靠、没有摩擦声； (2) 试验后关断主电源	15 分 (1) 5 分，未按要求先慢车后快车扣 5 分； (2) 5 分，根据通电后综合效果扣 0～5 分； (3) 5 分，试验后未关电源扣 5 分
6	操作超时扣分	5 分，限时 20min；每超时 1min 扣 2 分，超时 10min 判不合格

三、操作主要过程及注意事项

（1）测量制动器绝缘电阻，如图 2-21 所示。

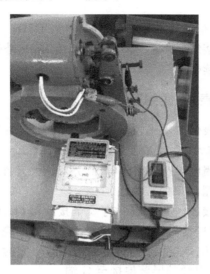

图 2-21　测量制动器绝缘电阻

（2）调整电磁衔铁间隙，如图 2-22 所示；检查制动闸瓦与制动轮之间的间隙，如图 2-23 所示。

图 2-22　调整电磁衔铁间隙　　　　图 2-23　检查制动闸瓦与制动轮之间的平均间隙

四、口述问答及注意事项

（一）基本要求

（1）绝缘电阻要求值（口述标准要求）：不低于 $0.5M\Omega$；

（2）绝缘表的选用和接线：$500\sim1000V$，线圈接 L 端，外壳接 E 端；

（3）绝缘表的选挡和读数。

（二）绝缘表（兆欧表）的使用方法及要求

（1）测量前应将兆欧表保持水平位置，左手按住表身，右手摇动兆欧表摇柄，转速约 $120r/min$，指针应指向无穷大（∞），否则说明兆欧表有故障。

（2）测量前应切断被测电器及回路的电源，并对相关元件进行临时接地放电，以保证人身与兆欧表的安全和测量结果的准确性。

（3）测量时必须正确接线。兆欧表共有 3 个接线端（L、E、G）。测量回路对地电阻时，L 端与回路的裸露导体连接，E 端连接接地线或金属外壳；测量回路的绝缘电阻时，回路的首端与尾端分别与 L、E 连接；测量电缆的绝缘电阻时，为防止电缆表面泄漏电流对测量精度产生影响，应将电缆的屏蔽层接至 G 端。

（4）兆欧表接线柱引出的测量软线绝缘应良好，两根导线之间和导线与地之间应保持适当距离，以免影响测量精度。

（5）摇动兆欧表时，不能用手接触兆欧表的接线柱和被测回路，以防触电。

（6）摇动兆欧表后，各接线柱之间不能短接，以免损坏。

（三）注意事项

1. 选用要求和使用前的检查

（1）应按被测电气元件工作时的额定电压来选择仪表的电压等级。测量埋置在绕组内和其他发热元件中的热敏元件等的绝缘电阻时，一般应选用 250V 规格的绝缘电阻表。

（2）使用前，应先检查表和其引出线是否正常。将两条引出线短路，摇动仪表或打开仪表电源开关进入测量状态，仪表的指针偏转到 0 处或数字指示值为 0，再将两条引出线断开进行测量，指示值为∞，则说明正常。

2. 接线和测量

（1）测量电动机等一般电器时，仪表的 L 端与被测元件（例如绕组）相接，E 端与机壳相接；测量电缆时，除上述规定外，还应将仪表的 G 端与被测电缆的护套连接。使用手摇式兆欧表时，手摇的转速应在 $120r/min$ 左右，摇动到指示值稳定后读数。

（2）测量之后，用导体对被测元件（如绕组）与机壳之间放电后拆下引接线。直接拆线有可能被储存的电荷电击。

（四）数显摇表（数字式兆欧表）测量步骤

开启电源开关"ON/OFF"，选择所需电压等级，开机默认为 500V，选择所需电压挡位，对应指示灯亮，轻按一下高压"启停"键，高压指示灯亮，LCD 显示的稳定数值乘以 10 即为被测的绝缘电阻值。

（五）接线端子符号含义

测量绝缘电阻时，线路 L 与被测物同大地绝缘的导电部分相接，接地 E 与被测物体外壳或接地部分相接，屏蔽 G 与被测物体保护遮蔽部分相接或其他不参与测量的部分相接，以消除表泄漏所引起的误差。测量电气产品的元件之间绝缘电阻时，可将 L 和 E 端接在任一组线头上进行。如测量发电机相间绝缘时，三组。

（六）数显摇表注意事项

（1）存放保管仪表时，应注意环境温度和湿度，放在干燥通风的地方为宜，要防尘、防潮、防震、防酸碱及腐蚀气体。

（2）测物体为正常带电体时，必须先断开电源，然后测量，否则会危及人身设备安全。仪表 E、L 端子之间开启高压后有较高的直流电压，在进行测量操作时人体各部分不可触及。

（3）仪表为交直流两用，不接交流电时，仪表使用电池供电，接入交流电时，优先使用交流电。

（4）当表头左上角显示"←"时表示电池电压不足，应更换新电池。仪表长期不用时，应将电池全部取出，以免锈蚀仪表。

（七）调整制动力注意事项

按标准调整制动力（口述标准要求）：在电梯作静载试验和超载运行时，制动弹簧的压紧力应能使电梯可靠制动。

1. 静载试验

静载试验是检验曳引钢丝绳头是否牢固，电梯曳引能力大小，制动器是否可靠，曳引轮与钢丝绳之间的摩擦力，轿厢面积超标不能限制载荷超过额定值时，需要做静载试验。具体试验方法及步骤如下。

（1）将电梯开到最低层，在电梯机房切断电梯总电源。

（2）在电梯轿厢中加入载荷：客梯、载重量在 2t 以下的货梯加入额定载重量的 200%；载重量在 2t 以上的货梯加入额定载重量的 150%。

（3）历时 10min，整个电梯应保持制动可靠、轿厢不变形；曳引钢丝绳在曳引轮上不打滑；曳引钢丝绳头接合牢靠；除曳引绳伸长外，电梯其他部位不应使电梯下滑。

2. 额定荷载的 125% 曳引试验

电梯在行程下部范围,轿厢中加入额定载重量的 125% 负载下行,分别停三次以上,轿厢应被可靠地制停(不考核平层精度)。

3. 超载试验

电梯超载试验是指在电梯运行试验正常后,对其超载能力进行的检验;超载试验不属于曳引试验。

超载试验前,若电梯设有超载保护安全装置,应先将超载保护装置移开。轿厢内载以110%的额定载荷,在通电持续率为 40% 的条件下,电梯做上升、下降运行,在全程内启动、运行、制动 30 次。电梯应能可靠地启动、运行和停止(平层可以不考虑),曳引机工作无异常,制动器可靠制动。

训练六　调整开关门速度

一、要求与说明

1. 总要求

电梯的厅门是由轿门带动,轿门是由门电机拖动控制的。所以,门电机的拖动控制电路调整质量的好坏,直接影响开关门的质量以及安全运行的安全性。本训练主要考核考生对电梯门电机拖动电路及其控制电路的理解,以及调整关门时"快-慢-更慢-停止"过程的能力和调整开门时"快-慢-停止"过程的能力。

2. 场地及考核设备的要求

厅门、轿门实操装备一台,门电机采用带减速装置的 COD 型直流电机。考核场地必须有 220V 电源和 110V 直流电源。

3. 工具要求

电工工具一套,活动扳手一把,固定扳手一套。

4. 时间要求

20min 内完成;每超时 1min 扣 2 分,超时 10min 判不合格。

5. 评分要求

满分为 100 分。

二、评分标准

评分标准如表 2-9 所示。

表 2-9　调整开关门速度评分标准

序号	考核内容	配分及评分标准
1	调整前的检查	10 分
	检查并指出各电阻、各位置开关的名称和作用	不能指出各电阻、开关名称和作用,错或漏一个扣 2 分,扣完为止
2	调整关门过程	40 分
	(1) 口述关门过程的调整要求:"快-慢-更慢-停止";	(1) 5 分,答错扣 5 分;
	(2) 调整降压电阻,实现"快或慢"的速度要求;	(2) 10 分,不会调整或调错电阻扣 10 分,不熟练扣 2～4 分;
	(3) 调整凸轮装置、分流电阻和减速开关,在关门至一半行程时,实现"慢"速的速度要求;	(3) 10 分,不会调整扣 10 分,不在要求行程处扣 5 分;
	(4) 调整凸轮装置、分流电阻和减速开关,在接近关门终端时,实现"更慢"速的速度要求;	(4) 10 分,不会调整扣 10 分,不在要求行程处扣 5 分;
	(5) 调整凸轮装置和关门终端开关,实现关门过程的"停止"动作(应无撞击)	(5) 5 分,不会调整扣 5 分,关门有撞击扣 2 分
3	调整开门过程	30 分
	(1) 口述开门过程的调整要求:"快-慢-停止";	(1) 5 分,答错扣 5 分;
	(2) 调整降压电阻,实现"快或慢"的速度要求;	(2) 10 分,不会调整或调错电阻扣 10 分,不熟练扣 2～4 分;
	(3) 调整凸轮装置、分流电阻和减速开关,在开门至 2/3 行程时,实现"慢"速的速度要求;	(3) 10 分,不会调整扣 10 分,不在要求行程处扣 5 分;
	(4) 调整凸轮装置和开门终端开关,实现开门过程的"停止"动作(应无撞击)	(4) 5 分,不会调整扣 5 分,开门有撞击扣 2 分
4	通电试验	20 分
	(1) 按关门按钮,关门时能实现"快-慢-更慢-停止"过程并无撞击;	(1) 10 分,不能完成扣 10 分,根据性能好坏扣 2～4 分;
	(2) 按开门按钮,开门时能实现"快-慢-停止"过程并无撞击	(2) 10 分,不能完成扣 10 分,根据性能好坏扣 2～4 分
5	安全文明工作; 正确穿戴安全帽与使用工具、安全防护,清理现场,收集工具	未按要求做,有不文明行为扣 5～10 分
6	操作超时扣分(以负数表示)	限时 20min;每超时 1min 扣 2 分,超时 10min 判不合格

三、操作主要过程及注意事项(含口述)

(1) 调整电阻如图 2-24 所示,调整凸轮装置如图 2-25 所示。

(2) 调整关门过程(口述:快-慢-更慢-停止):首先测量关门行程距离 L,如图 2-26 所示;其次调整凸轮装置,在关门至 $\frac{L}{2}$ 行程时,实现"慢"的速度要求,如图 2-27 所示;再次调整凸轮装置,在关门至 $\frac{L}{3}$ 行程时,实现"更慢"的速度要求,如图 2-28 所示;最后调整凸轮装置,在关门至最后行程 10～20mm 时,实现关门过程的"停止"动作,如图 2-29 所示。

图 2-24 调整电阻

图 2-25 调整凸轮装置

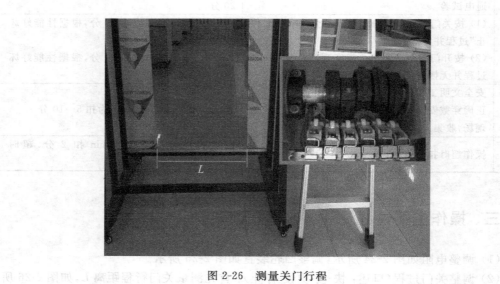

图 2-26 测量关门行程

（3）调整开门过程（口述：快-慢-停止）：首先调整凸轮装置，在开门至 $\frac{2}{3}L$ 行程时，实现"慢"速的速度要求，如图 2-30 所示；其次调整凸轮装置，在开门至最后行程 10～20mm 时，实现关门过程的"停止"动作，如图 2-31 所示。

图 2-27 关门至 $\dfrac{L}{2}$ 行程

图 2-28 关门至 $\dfrac{L}{3}$ 行程

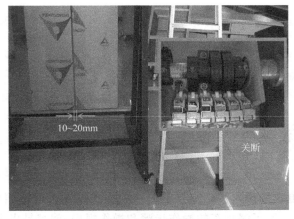

图 2-29 关门至最后行程 10～20mm

图 2-30　开门至 $\frac{2}{3}L$ 行程

图 2-31　开门至最后行程 10~20mm

训练七　机房盘车

一、要求与说明

1. 总要求

在机房盘车是电梯维修人员必须具备的一项操作技能。遇轿厢困人、维修保养等情况时，经常需要盘车。不了解盘车的操作步骤和操作规程，就容易出事故。本项目操作由两人配合进行。一人手动扳开制动器，另一人盘车，考核时两人轮换操作。

2. 场地及设备要求

交流双速(或调速)客梯一台。

3. 工具要求

专用张开制动器扳手一套,盘车手轮一个,活动扳手一把。

4. 时间要求

20min 内完成;每超时 1min 扣 2 分,超时 10min 判不合格。

5. 评分要求

满分为 100 分。

二、评分标准

评分标准如表 2-10 所示。

表 2-10　机房盘车评分标准

序号	考 核 内 容	配分及评分标准
1	盘车前的准备工作	40 分
	(1) 口述什么情况下需要盘车;	(1) 5 分,回答不正确扣 5 分;
	(2) 关闭主电源开关;	(2) 15 分,没断主电源扣 15 分;
	(3) 确定轿厢的位置,并与乘客沟通,确认层门、轿门处于关闭状态;	(3) 15 分,没有按要求做,错或漏一个扣 5 分;
	(4) 安装盘车手轮并锁紧,正确判断盘车的方向	(4) 5 分,未锁紧扣 5 分,方向判断错误扣 3 分
2	手动盘车	40 分
	(1) 必须两人以上互相配合:一人用专用盘车工具松开制动器,另一人双手把握盘车轮盘车(向上或向下移动轿厢);	(1) 20 分,两人轮流做一次,根据考生操作和配合情况合理评分;
	(2) 盘车盘至距平层±300mm 内停止,确认制动器处在抱闸状态,才能打开层门放人	(2) 20 分,错或漏一步扣 10 分
3	盘车后的恢复工作	20 分
	(1) 拆卸盘车手轮和专用工具并放回原处;	(1) 10 分,没有拆卸盘车手轮和专用工具扣 10 分,没有放回原处扣 5 分
	(2) 放人后应关闭层门(口述)	(2) 10 分,没口述扣 10 分
4	操作超时扣分(以负数表示)	限时 20min;每超时 1min 扣 2 分,超时 10min 判不合格

三、操作主要过程及注意事项

(1) 关闭主电源开关,挂检修牌子,锁好电箱,如图 2-32 所示。

(2) 两人配合盘车操作,如图 2-33 所示。

(3) 盘车后,将盘车手轮和专用工具放回原处,如图 2-34 所示。

图 2-32　关闭主电源开关

图 2-33　手动盘车

图 2-34　盘车手轮和专用工具放回原处

四、口述问答及注意事项

（一）盘车救人操作的情况

（1）电梯运行过程中供电中断（不带后备电源或紧急电动运行装置），电梯轿厢停在离平层位置大于 300mm 的楼层之间；

（2）电梯电路出现故障，无法正常控制，且电梯轿厢停在离平层位置大于 400mm 的楼层之间。

（二）电梯盘车救人操作前的准备

（1）盘车救人操作必须两人以上进行，严禁单独操作；

（2）电梯司机或维修管理人员应及时了解电梯轿厢停止位置并安慰乘客,使他们安静等待,不要擅自行动(强行手扒轿门或企图出入轿厢),以免发生"剪切""坠井"等事故;

（3）维修人员应了解轿厢被困人数及健康状况、轿厢内应急灯是否点亮、轿厢所停层站位置情况以便解困;

（4）告知被困乘客:尽量远离轿门或已开启的轿厢门口;盘车时轿厢会有间歇移动情况出现,请不要惊慌,保持镇静;更不要倚靠厅门、轿门;不要在轿厢内吸烟、打闹,必须听从操作人员指挥。

（三）电梯盘车救人操作步骤与方法

（1）确认厅门、轿门是否处于关闭状态,情况允许可派人到楼层进行监护;

（2）上电梯机房,切断电梯主电源并挂上警告标示牌,但要保留轿厢内照明;

（3）安装盘车手轮(套入电动机尾轴上),并锁紧;

（4）通知被困人员,盘车操作准备开始,轿厢会有移动情况出现,是正常现象,请保持镇静并予以配合;

（5）盘车时应两人或两人以上进行操作;一人先手握盘车手轮,待另一人用专用扳手松开制动器时,及时转动盘车手轮使轿厢向上(或向下)移动;

（6）盘车时两人应配合并做好"应答"制度,盘车时应缓慢进行,采用"断续式"松闸方法(严禁长时间打开抱闸操作),尤其当轿厢轻载状态下往上盘车时,要防止因对重侧重造成溜车;

（7）当轿厢到达平层区域时(可观察曳引钢丝绳平层线标记位置),应停止盘车,使制动器复位;

（8）维修人员用专用厅门钥匙打开厅门,并用力拉开轿门,将被困乘客救出。

（四）注意事项

（1）当电梯未超出顶层或底层的平层位置时,可向较省力的方向移动电梯;当电梯超出顶层或底层的平层位置时,则应向顶层或底层的平层方向移动电梯,必要时可利用盘车装置盘动电梯;

（2）当按上述方法和步骤操作时发现异常情况时,应立即停止救援,并及时通知上级部门进行处理。

（五）盘车后的恢复工作

（1）盘车完毕后,应拆卸专用扳手及盘车手轮;

（2）关闭厅门或对电梯故障情况进行检修;

（3）最后恢复电梯主电源及试运行电梯,一切正常后,要清理好现场及收拾好工具后方可离开。

第三章

理论模拟考试题目精选

一、基础部分

1. ( )开关属于保护检修人员的电气安全保护装置。
   A. 极限
   B. 门机开关
   C. 强迫换速开关
   D. 轿顶急停

2. 变压器是按照( )原理工作的。
   A. 戴维南
   B. 电磁感应
   C. 功率守恒
   D. 右手定则

3. 采用电子转向系统与动力转向比可节能25%，它可根据叉车使用工作状况，适时控制电机转速，是叉车( )的有效措施。
   A. 节能降噪
   B. 提高动力
   C. 节省电力
   D. 加大功率

4. 常用的弹性元件的材料是( )。
   A. 铜
   B. 铜的合金
   C. 铁
   D. 铅锡合金

5. 除( )V以下安全电压外的电气设备罩壳均应设有易于识别的接地端，且应有良好的接地。
   A. 110
   B. 220
   C. 50
   D. 36

6. 触电者无心跳必须进行胸外心脏按压法抢救时，每分钟按压次数应为( )次。
   A. 12
   B. 15
   C. 30
   D. 60

7. 当轿厢( )下降时，曳引力为负。
   A. 半载
   B. 满载
   C. 空载
   D. 超载

8. 当使用钻、凿、切割、浇注巴氏合金、焊接，用化学品或溶剂以及在空气中含有尘屑较多的地方工作时，必须戴上规定的( )和口罩。
   A. 手套
   B. 护目镜
   C. 脚套
   D. 安全帽

9. 电磁抱闸专用于（　　）制动方式。

  A. 能耗　　　　　　B. 机械　　　　　　C. 反制　　　　　　D. 电气

10. 电气控制线路原理图中，触点的位置是处于（　　）。

  A. 通电状态　　　　　　　　　　　B. 未通电状态

  C. 根据情况确定状态　　　　　　　D. 原始状态

11. 电梯电气控制系统完成各种主要任务，实现各种性能的控制的核心设备是（　　）。

  A. 操纵箱　　　　　　B. 召唤按钮箱　　　　C. 轿顶检修箱　　　　D. 控制柜

12. 电梯上行失控（超速）时，电梯通过（　　）起作用制停。

  A. 安全钳开关　　　B. 限速器开关　　　C. 强迫换速开关　　　D. 不能制停

13. 动力和安全电路的绝缘电阻应不低于（　　）。

  A. 0.2MΩ　　　　B. 0.25MΩ　　　　C. 0.5MΩ　　　　D. 4MΩ

14. 对于带切口的半圆槽，但绳槽磨损至切口深度小于（　　）mm 时，应重车绳槽。

  A. 1　　　　　　B. 2　　　　　　C. 3　　　　　　D. 4

15. 发生（　　）情况时，相序继电器动作。

  A. 电压不稳定　　　B. 错相　　　　　C. 短路　　　　　D. 过载

16. 钢丝绳头浇灌巴氏合金时，锥套应（　　）。

  A. 在常温下浇灌　　　　　　　　　B. 加温到 40～50℃

  C. 加热到 100℃后浇灌　　　　　　D. 不用加热

17. 极限开关的作用是（　　）。

  A. 限制电梯超速　　　　　　　　　B. 防止电梯超越终站

  C. 防止电梯超载　　　　　　　　　D. 确保平层

18. 极限开关动作时，切断（　　）。

  A. 控制电路　　　B. 安全回路　　　C. 总电源　　　D. 运行回路

19. 减速箱的润滑所用的润滑油决定于（　　）。

  A. 黏度　　　　　　B. 密度　　　　　　C. 湿度　　　　　　D. 重量

20. 接触器或继电器可能出现的故障为（　　）。

  A. 可动衔铁不吸合　　　　　　　　B. 可动衔铁不释放

  C. 衔铁吸合不完全　　　　　　　　D. A、B、C 都是

21. 接地线的颜色为（　　）绝缘电线。

  A. 绿色　　　　　　B. 黑色　　　　　　C. 黄色　　　　　　D. 黄绿双色

22. 控制柜、屏的维修侧距离墙不小于（　　）mm。

  A. 700　　　　　　B. 500　　　　　　C. 400　　　　　　D. 600

23. 控制柜距离机械设备不小于（　　）mm。

  A. 600　　　　　　B. 500　　　　　　C. 800　　　　　　D. 700

24. 控制柜屏的正面距门、窗应不小于（　　）mm。

  A. 700　　　　　　B. 500　　　　　　C. 400　　　　　　D. 600

25. 某一钢丝绳标记为 8×19s＋NF-13-1500（双）右交-GB 8903—1988，则以下说法正确的是（　　）。

A. 该钢丝绳为 8 股，直径为 19mm　　B. 该钢丝绳为 8 股，直径为 13mm

C. 该钢丝绳直径为 8mm　　D. 该钢丝绳直径为 8cm

26.（　　）工作时不需要特殊的眼睛保护措施。

A. 浇铸巴氏合金　B. 机房接线　　C. 使用化学溶剂　D. 钻孔

27. 不属于安装目的的是（　　）。

A. 质量上乘　　　　　　　　　B. 交货及时

C. 不超预算　　　　　　　　　D. 与客户建立良好关系

28. 热继电器主要用于电动机的（　　）。

A. 短路　　　　B. 电压过高　　C. 温升过高　　D. 过载

29. 如触电者出现休克现象，应迅速进行（　　）抢救。

A. 人工呼吸法　B. 胸外心脏按压法　C. 闻氨水　　D. 腹部按压法

30. 三相交流电动机通过（　　）改变旋转方向。

A. 改变电压相位　　　　　　　B. 改变两相电压相序

C. 改变三相电压相序　　　　　D. 改变正极电压

31. 厅外呼梯电路的逆向保号功能，一般是在自保电路中串联上（　　）。

A. 相同方向继电器常闭触点　　B. 相反方向继电器常闭触点

C. 相反方向继电器常开触点　　D. 相同方向继电器常开触点

32. 同一个三相对称负载接在同一电源中，作三角形联接时的线电流是作星形联接时的（　　）倍。

A. 3　　　　　B. $1/\sqrt{3}$　　　C. 1/3　　　　D. 1

33. 拖动控制回路的作用是控制电动机的（　　）。

A. 正转，反转　　　　　　　　B. 加速，减速

C. 正转，反转和加速，减速　　D. 任何速度

34. 蜗轮下置式减速器箱体内油量检查时（　　）。

A. 油面应保持在蜗轮中线以上，啮合面以下

B. 蜗轮浸入深度在 2 个齿高为宜

C. 油面应能浸入蜗轮齿高

D. 油面应保持在蜗轮中线以上。

35. 无论是主接触器还是继电接触器，要求如果动断触点（即常闭触点）中一个闭合，则（　　）。

A. 全部动断触点闭合　　　　　B. 全部动断触点断开

C. 动断触点同时闭合　　　　　D. 动合触点同时断开

36. 下面对曳引钢丝绳与绳头组合的检查的叙述中，正确的是（　　）。

A. 绳头组合的强度应不低于钢丝绳的破断拉力

B. 曳引绳磨损后其直径小于原钢丝绳公称直径的 90% 时，应报废

C. 曳引钢丝绳有断丝时，应报废

D. 曳引绳磨损后其直径小于原钢丝绳公称直径的 80% 时,应报废

37. 线槽的敷设应平直、整齐、牢固,线槽内导线总面积不大于槽净面积的(　　)。
    A. 40%　　　　　B. 50%　　　　　C. 60%　　　　　D. 80%

38. 线管的敷设应平直、整齐、牢固,线管内导线总面积不大于槽净面积的(　　)。
    A. 80%　　　　　B. 60%　　　　　C. 50%　　　　　D. 40%

39. 张紧装置上均设有(　　)开关,一旦装置下降,电梯控制电路即被切断。
    A. 涨绳　　　　　B. 涨带　　　　　C. 断绳　　　　　D. 超重

40. 胸外心脏按压是按压凹膛下方部位,压陷的深度是(　　)mm。
    A. 50～60　　　　B. 30～40　　　　C. 60～70　　　　D. 10～30

41. 一个三相五线制供电电路中,相电压为 220V,则两相线之间的电压为(　　)V。
    A. 220　　　　　B. 311　　　　　C. 380　　　　　D. 220/2

42. 以检修速度上下运行进行电梯安全开关动作试验时,对轿顶、底坑急停开关,人为动作(　　),电梯均应立即停止运行。
    A. 无规定　　　　B. 多次　　　　　C. 1 次　　　　　D. 2 次

43. 以下表示接地符号的是(　　)。
    A. 0　　　　　　B. ∩　　　　　　C. ⏚　　　　　　D. 1.5 V

44. 用万用表欧姆挡测量二极管好坏时,主要测量二极管的正反向电阻值,两者相差(　　)。
    A. 越小越好　　　B. 越大越好　　　C. 不大较好　　　D. 相等

45. 有两个电容器,$C_1 = 30\mu F$,耐压 12V,$C_2 = 50\mu F$,耐压 12V,若将它们串联后接到 24V 电压上,则(　　)。
    A. 两个电容器都能正常工作　　　　　　B. 两个电容器都被击穿
    C. C_1 被击穿;C_2 正常　　　　　　D. C_2 被击穿;C_1 正常

46. 有一台 16 层 16 站乘客电梯,额定载重量为 1000kg,轿厢自重为 1200kg,使用 4 根曳引钢丝绳。现在轿厢经装修后,轿厢重量增至 1600kg。假如每根钢丝绳的最小破断负荷为 73 000N,此时的安全系数为(　　)。
    A. 15.51　　　　B. 13.78　　　　C. 12.33　　　　D. 11.23

47. 在低速、无冲击和轴的刚性对中性较好的场合,可选用(　　)。
    A. 固定联轴器　　B. 可移式联轴器　　C. 弹性联轴器　　D. 万向联轴器

48. 在各种绳头组合中,(　　)的防冲击能力最好。
    A. 绳卡法　　　　B. 锥形套筒法　　　C. 自锁紧楔形法　　D. 插接法

参考答案:

1. D　2. B　3. A　4. B　5. D　6. D　7. B　8. B　9. B　10. B
11. D　12. D　13. C　14. B　15. B　16. B　17. B　18. C　19. A　20. D
21. D　22. D　23. B　24. C　25. B　26. C　27. C　28. C　29. A　30. B
31. A　32. C　33. C　34. B　35. B　36. C　37. C　38. B　39. C　40. B
41. C　42. D　43. B　44. B　45. A　46. D　47. A　48. B

二、轿厢部分

1. 安全触板应凸出轿门外 30mm,故障重开门动作距离为(　　)mm。
   A. 2~5　　　　　　　B. 5~10　　　　　　C. 10~20　　　　　D. 15~25

2. 超载运行试验在(　　)额定载荷下进行。
   A. 105%　　　　　　B. 110%　　　　　　C. 115%　　　　　　D. 120%

3. 从楼层厅门外进入轿顶前,首先使用(　　)开关。
   A. 检修开关　　　　B. 照明开关　　　　C. 急停开关　　　　D. 门机开关

4. 导向轮与曳引轮的不平行度应不大于(　　)mm。
   A. 0.5　　　　　　　B. 1　　　　　　　　C. 1.5　　　　　　　D. 2

5. 电梯轿厢内选层电路一般是通过(　　)常闭触点消号的。
   A. 平层继电器　　　　　　　　　　　　　B. 运行继电器
   C. 换速继电器　　　　　　　　　　　　　D. 相应楼层的轿厢位置检出继电器

6. 动力电路中的电气设备各导体之间,导体与地之间的绝缘电阻不应小于
(　　)MΩ。
   A. 0.25　　　　　　B. 0.5　　　　　　　C. 1　　　　　　　　D. 2

7. 短路就是负载被短接,而且接通后电路内的电阻(　　)。
   A. 增大　　　　　　B. 很小　　　　　　C. 不变　　　　　　D. 无规律变化

8. 额定速度小于 2.5m/s 的电梯在工作时,其轿厢运行噪音不超过(　　)dB。
   A. 55　　　　　　　B. 65　　　　　　　C. 70　　　　　　　D. 80

9. 缓冲器的中心应对准轿厢架下梁缓冲板或对重装置缓冲板的中心,其偏差不大于
(　　)mm。
   A. 10　　　　　　　B. 20　　　　　　　C. 25　　　　　　　D. 50

10. 轿厢导轨和设有安全钳的对重导轨工作面接头处不应有连接缝隙,且局部缝隙
不大于(　　)mm。
   A. 0.3　　　　　　　B. 0.4　　　　　　　C. 0.5　　　　　　　D. 10

11. 轿厢的组装一般多在(　　)进行。
   A. 上端站　　　　　　　　　　　　　　　B. 端站
   C. 中间层站　　　　　　　　　　　　　　D. 上端站和中间层站之间

12. 轿厢底盘平面的水平度应不超过(　　)。
   A. 1/1000　　　　　B. 2/1000　　　　　C. 3/1000　　　　　D. 4/1000

13. 轿厢地坎上均须装设(　　)。
   A. 安全开关　　　　B. 平层板　　　　　C. 护脚板　　　　　D. 防坠板

14. 轿厢地坎与层门地坎水平距离不得大于(　　)mm。
   A. 25　　　　　　　B. 30　　　　　　　C. 35　　　　　　　D. 40

15. 轿厢顶有反绳轮时,反绳轮应有保护罩和(　　)
   A. 引绳装置　　　　B. 紧绳装置　　　　C. 挡绳装置　　　　D. 收紧装置

16. 轿厢顶有反绳轮时,润滑良好,反绳轮的铅垂度不大于( )mm。

    A. 1   B. 0.5   C. 2.0   D. 0.01

17. 轿厢架上若安装有限位开关碰铁时,相对铅垂线最大偏差不超过( )mm。

    A. 5   B. 1   C. 2   D. 3

18. 轿厢两边的主梁在整个高度内的不垂直度应不大于( )mm。

    A. 1   B. 1.5   C. 2   D. 3

19. 轿厢内应设置有( )标志。

    A. 上下班时间   B. 消防   C. 操作员   D. 额定载重量

20. 轿厢与对重间的最小距离为( )mm。

    A. 100   B. 70   C. 60   D. 50

21. 轿厢运行速度超过额定速度的( )时,限速器动作。

    A. 100%   B. 115%   C. 120%   D. 125%

22. 轿厢在两端站平层位置时,轿厢、对重装置的撞板与耗能型缓冲器顶面间的距离应为( )mm。

    A. 200~350   B. 150~400   C. 200~400   D. 250~450

23. 井道应有永久性照明,在井道最高点和最低点( )m处各设一盏灯。

    A. 0.5   B. 7   C. 5   D. 1

24. 门电机安装在( )。

    A. 机房   B. 井道   C. 轿顶   D. 底坑

25. 能检测轿厢内荷载值,并发出信号的装置叫( )。

    A. 超载装置   B. 满载装置

    C. 称量装置   D. 轿底测量装置

26. 下面的操作中,正确的是( )。

    A. 短接门联锁电路使电梯运行

    B. 当检修人员长时间在轿顶工作时,司机按下轿内急停按钮

    C. 用手将厅、轿门关闭使电梯启动

    D. 短接安全电路使电梯运行

27. 曳引绳头采用绳卡法制作,绳扎头的间距应是钢丝绳直径的( )倍以上。

    A. 3   B. 6   C. 10   D. 40

28. 用手轮盘车使轿厢作短程升降时,除将制动器张开外,还要( )。

    A. 将轿厢急停开关断开   B. 将主电源断开

    C. 将检修开关调至检修位置   D. 将轿顶急停开关断开

29. 援救轿厢内乘客时应首先考虑从( )进行。

    A. 轿外   B. 轿顶   C. 机房   D. 安全窗

30. 在电梯作业中,应采用( )进行照明。

    A. 日常照明灯   B. 带防护罩的安全灯

    C. 应急灯   D. 日光灯

31. 在轿顶工作时,应将(　　)开关断开。
    A. 轿顶检修　　　　B. 轿顶急停　　　　C. 轿内急停　　　　D. 门机开关
32. 在轿顶检修接通(　　)操纵检修运行。
    A. 能在轿顶　　　　　　　　　　B. 能在轿内
    C. 轿内、轿顶都不能　　　　　　D. A、B、C 都不对
33. 在轿顶检修开关接通后(　　)操纵检修运行。
    A. 应能在轿厢内　　　　　　　　B. 轿内、轿顶都能
    C. 只能在轿顶　　　　　　　　　D. 轿内检修也接通时只能在轿顶
34. 在轿门驱动层门的情况下,当轿厢在(　　)之外时,如层门无论因为何种原因而开启,则应有一种装置能确保层门自动关闭。
    A. 开锁区域　　　　B. 开门区域　　　　C. 平层区域　　　　D. 换速区域
35. 在轿厢顶检修电梯过程中,应严格执行(　　)制度。
    A. 作息　　　　　　B. 应答　　　　　　C. 上下班　　　　　D. 保安
36. 在轿厢完全静止在缓冲器上时,底坑地面与轿厢最低部分净空间距离应不小于(　　)m。
    A. 0.5　　　　　　B. 0.1　　　　　　C. 0.6　　　　　　D. 1
37. 装设在轿厢顶的设备是(　　)。
    A. 限速器　　　　　B. 限位开关　　　　C. 选层器　　　　　D. 门机
38. 在轿厢完全静止在缓冲器上时,与导轨、安全钳、护脚板下端的净空距离不小于(　　)m。
    A. 0.5　　　　　　B. 0.1　　　　　　C. 0.3　　　　　　D. 0.2
39. 在平层区域内,使轿厢达到平层准确度要求的装置叫(　　)。
    A. 平层感应板　　　B. 平层感应器　　　C. 平层装置　　　D. 平层电路
40. 张紧装置对绳索的拉力,每分支应不小于(　　)kg。
    A. 30　　　　　　　B. 15　　　　　　　C. 10　　　　　　D. 5

参考答案:
1. A　2. B　3. C　4. A　5. D　6. B　7. B　8. A　9. B　10. C
11. A　12. C　13. C　14. C　15. C　16. A　17. B　18. B　19. D　20. D
21. B　22. B　23. A　24. B　25. C　26. B　27. B　28. B　29. A　30. B
31. B　32. A　33. C　34. A　35. B　36. A　37. C　38. B　39. C　40. B

三、电梯整体部分

1. (　　)断开时,能使正在运行的曳引机传动运转,并防止未运行的曳引机启动。
    A. 安全保护电路　　B. 启动电路　　　C. 运行电路　　　D. 平层电路
2. (　　)和采用渐进式安全钳的电梯,导轨应用冷拉钢材制成。
    A. 速度大于 0.2m/s 的电梯　　　　B. 速度大于 0.3m/s 的电梯
    C. 速度大于 0.4m/s 的电梯　　　　D. 速度不大于 2.5m/s 的电梯

3. ( )电梯严禁载人。

    A. 载货   B. 杂物   C. 简易   D. 建筑

4. 0.63m/s 的双速电梯的交流换速距离,一般不小于( )mm。

    A. 500   B. 600   C. 700   D. 800

5. PLC 控制电梯时,将各种指令信号作为( )。

    A. 输入   B. 输出   C. 停止   D. 以上都是

6. VVVF 电梯使用的调速方法的是( )。

    A. 变频调速   B. 变极调速

    C. 改变转差率调速   D. 变压变频调速

7. 安装电梯放样时,应先确定( )样线的位置。

    A. 轿厢   B. 对重   C. 导轨   D. 厅门地坎

8. 安装用脚手架工作平台的承载能力应大于( )。

    A. 2.15×10^3 Pa 以上   B. 2.45×10^6 Pa 以上

    C. 2.50×10^3 Pa   D. 2.45×10^3 Pa 以上

9. 采用钢管材质的脚手架要做好接地保护装置,接地电阻不大于( )Ω。

    A. 2.5   B. 10   C. 6   D. 4

10. 当电梯轿厢不在本楼层,开启的层门在外力消失后应( )。

    A. 自动打开   B. 保持在原来位置

    C. 自行关闭   D. 有外呼信号关闭

11. 当靴衬工作面磨损超过( )mm 以上时,应更换新靴衬。

    A. 1   B. 0.5   C. 2   D. 4

12. 导轨、导靴和导轨支架是属于电梯结构的( )部分。

    A. 曳引   B. 操纵   C. 导向   D. 安全

13. 低压开关一般为( )。

    A. 非自动切换电器   B. 自动切换电器

    C. 半自动切换电器   D. 安全回路切换电器

14. 电动机绕组与外壳的绝缘电阻大于( )MΩ。

    A. 4   B. 2.5   C. 1.5   D. 0.5

15. 电梯、起重机械中,使用( )拖动技术可以有效得提高效率,节能环保。

    A. 变压调速   B. 变极调速

    C. 变流调速   D. 变频变压调速

16. 电梯安装完毕交付使用前,应进行额定载重和空载起、制动与( )试验,并能连续 3000 次无故障。

    A. 运行   B. 安全开关动作   C. 超载运行   D. 空载运行

17. 电梯按控制方式有( )种分类方法。

    A. 5   B. 6   C. 7   D. 8

18. 电梯产品中常用的导靴有( )。

    A. 滑动导靴和滚动导靴   B. 刚性滑动导靴和弹性滑动导靴

C. 滚动导靴和刚性滑动导靴　　　　　D. 刚性滑动导靴

19. 电梯的（　　）是连接轿厢和对重装置的机件。
　　A. 钢丝绳和绳头组合　　　　　　　B. 绳头组合
　　C. 导靴　　　　　　　　　　　　　D. 拉杆

20. 电梯的重量补偿装置方式有（　　）种。
　　A. 3　　　　　　B. 2　　　　　　C. 1　　　　　　D. 4

21. 电梯工作基本要求是（　　），方便舒适。
　　A. 安全可靠　　　B. 高速　　　　C. 舒适　　　　D. 以上都不是

22. 电梯工作时,减速器中的油温应不超过（　　）℃。
　　A. 75　　　　　　B. 85　　　　　　C. 90　　　　　　D. 120

23. 电梯故障或停电,轿厢停在距平层位置（　　）mm 范围内时,维修人员可以先切断主电源,在该层的厅门外用机械匙打开厅门,并拉开轿门,然后帮助乘客撤离轿厢。
　　A. 115　　　　　　B. 300　　　　　　C. 600　　　　　　D. 1000

24. 电梯故障或停电停梯时,维修人员应采用（　　）的方法确认轿厢的位置。
　　A. 送电通过层楼显示
　　B. 与乘客联络确定
　　C. 与乘客联络初步判定楼层后,用匙打开厅门
　　D. 查看维修记录

25. 电梯上方向运行回路与下方向运行回路之间设有（　　）。
　　A. 电气联锁　　　B. 机械联锁　　　C. 电气机械联锁　　D. 安全联锁

26. 电梯使用合理科学的控制方式,可达到（　　）的效果。
　　A. 高效节能　　　B. 快速运行　　　C. 满足需要　　　D. 减少故障

27. 电梯提升高度是指由底层端楼面至顶层端楼面之间的（　　）。
　　A. 垂直距离　　　　　　　　　　　B. 水平距离
　　C. 横向距离　　　　　　　　　　　D. 水平、横向距离

28. 电梯运行速度（　　）的高速电梯中,常采用滚动导靴代替弹性滑动导靴。
　　A. $v>2.0\text{m/s}$　　B. $v\geqslant2.5\text{m/s}$　　C. $v>2.5\text{m/s}$　　D. $v>3.0\text{m/s}$

29. 电梯运行于垂直的或与垂直方向倾斜角不大于（　　）的两侧刚性导轨之间。
　　A. 150°　　　　　B. 120°　　　　　C. 100°　　　　　D. 80°

30. 电梯在重载下行、（　　）或减速制动过程中,大量的机械能通过曳引电机转换为电能,如能回馈给交流电网或供给其他电梯及设备使用,将可达到节省电能的目的。
　　A. 减速运行　　　B. 空载上行　　　C. 加速运行　　　D. 检修运行

31. 电梯正常工作时,蜗杆轴伸出端每小时渗漏油面积不超过（　　）cm²。
　　A. 100　　　　　　B. 250　　　　　　C. 200　　　　　　D. 150

32. 电梯正常启动的基本条件是（　　）。
　　A. 确定运行方向　　　　　　　　　B. 所有厅、轿门要关闭
　　C. 选层及 A 和 B　　　　　　　　D. 电压正常

33. 电源锁匙开关回路除串联轿内电源锁匙开关外,还串联有（　　）。

A. 轿顶急停开关　　　　　　　　B. 安全触板开关

C. 厅外召唤开关　　　　　　　　D. 厅内召唤开关

34. 额定速度、额定载重量、行程和（　　）的改变应视为电梯的重大改装,应报审后才能进行。

A. 轿厢质量　　　B. 对重质量　　　C. 钢丝绳直径　　　D. 钢丝绳更换

35. 额定速度大于1.7m/s的电梯是属于（　　）电梯。

A. 低速　　　　　B. 快速　　　　　C. 高速　　　　　D. 超高速

36. 根据功用的不同,电梯一般可分为（　　）种。

A. 4　　　　　　　B. 6　　　　　　　C. 8　　　　　　　D. 9

37. 固定滑动导靴一般仅适用于（　　）。

A. 低速电梯　　　B. 快速电梯　　　C. 高速电梯　　　D. 超高速电梯

38. 滚动轴承与滑动轴承相比其（　　）。

A. 启动灵敏　　　　　　　　　　　B. 抗冲击能力强

C. 可在恶劣的环境下工作　　　　　D. 运行平稳

39. 剪切、挤压、坠落、撞击、被困、火灾、电击和（　　）,电梯可能因上述事故造成危险。

A. 材料过期　　　B. 材料失效　　　C. 材料老化　　　D. 材料变形

40. 检修人员进行检修的安全保护装置是（　　）。

A. 轿顶急停开关、坑底急停开关　　B. 限位开关、极限开关

C. 安全窗　　　　　　　　　　　　D. 安全触板开关

41. 交流双速电梯正常高速状态下方向运行时,有以下（　　）接触器吸合。

A. XC、HKC、MC、1ZC　　　　　　B. XC、HKC、1KC、KC

C. XC、MC、ZQC、KC　　　　　　D. MC、ZQC、KC、XC

42. 交流双速电梯正常下行接近平层时,轿顶三只感应器分别先吸合（　　）。

A. FBG　SPG　XPG　　　　　　B. XPG　FBG　SPG

C. SPG　FBG　XPG　　　　　　D. XPG　SPG　FBG

43. 交流双速拖动的电梯,快车绕组极对数一般是慢车绕组极对数的（　　）倍。

A. 1/2　　　　　　B. 1/4　　　　　　C. 2　　　　　　　D. 4

44. 浇灌巴氏合金时,为了保证质量,必须做到（　　）浇灌而成。

A. 分二次　　　　B. 加热　　　　　C. 看情况　　　　D. 一次

45. 客梯、货梯曳动绳的安全系数应（　　）。

A. ≥10　　　　　　B. ≥12　　　　　　C. ≥14　　　　　　D. ≥16

46. 客梯轿厢结构尺寸特点是宽和深的比例常为（　　）。

A. 1∶1　　　　　　B. 2∶1　　　　　　C. 10∶8　　　　　　D. 1∶2

47. 每台电梯的各部分接地设施应（　　）,并可靠接地。

A. 连成一体　　　B. 独立接地　　　C. 保护接零　　　D. 串接

48. 盘车救人时,错误的是（　　）。

A. 维修工应打开轿厢所在位置最近层的厅门,观察盘车移动轿厢的情况

    B. 部分打开轿门，让乘客协肋确认轿厢的位置

    C. 维修工通知乘客将会移动轿厢，要求他们静待轿厢内，不要乱动

    D. 切断主电源，但保留轿厢内照明用电

49. 切断电梯的主电源开关，不应影响（　　）的供电电路。

    A. 轿厢照明和通风　　　　　　　　　　B. 机房和滑轮间照明

    C. 机房内电源插座　　　　　　　　　　D. A、B、C 都对

50. 切断电梯主电源的开关，不应影响（　　）的供电电路。

    A. 报警装置　　　　　　　　　　　　　B. 电梯井道照明

    C. 轿顶与底坑的电源插座　　　　　　　D. A、B、C 都对

51. 切断电梯主电源后（　　）。

    A. 整梯设备上的用电器不再带电

    B. 轿内照明，轿厢通风电路不受影响

    C. 报警装置的电源不受影响

    D. B、C 都对

52. 如果电梯主开关或其他开关断开后，一些连接端子仍带电，则它们应与不带电端子（　　）或注上适当标记。

    A. 分开　　　　　　　　　　　　　　　B. 明显地隔开

    C. 断开　　　　　　　　　　　　　　　D. 置于不同地方

53. 蜗轮与电动机轴的不同轴度公差：对于弹性连接应小于（　　）。

    A. 0.1　　　　　　　B. 0.02　　　　　　C. 0.2　　　　　　　D. 0.01

54. 无司机电梯开门电路除了有司机开门、平层自动开门和关门夹人时自动开门的功能外，一般还应具备（　　）功能。

    A. 本层开门　　　　　　　　　　　　　B. 停层开门

    C. 急停开门　　　　　　　　　　　　　D. 以上三者都不是

55. 下列安全保护开关不是自动复位的是（　　）。

    A. 超载保护　　　　B. 端站限位　　　　C. 端站极限　　　　D. 换速开关

56. 下列装置中不属于运行系统保护装置的是（　　）。

    A. 相序保护　　　　B. 安全钳动作开关 C. 急停开关　　　　D. 安全窗

57. 一旦在电梯安装、维修作业现场发生触电事故时，应迅速（　　）。

    A. 保护现场　　　　B. 报告有关部门　　C. 切断电源　　　　D. 分析原因

58. 以检修速度上、下运行进行电梯安全开关动作试验时，对安全窗开关进行人为动作（　　），电梯均应立即停止运行。

    A. 2 次　　　　　　B. 1 次　　　　　　C. 多次　　　　　　D. 无规定

59. 应该使用（　　）把导轨固定在导轨架上。

    A. 压导板　　　　　B. 焊接法　　　　　C. 螺栓　　　　　　D. 连接板

60. 用（　　）V 兆欧表检查控制柜内导体之间及导体对地之间的绝缘电阻。

    A. 1500　　　　　　B. 50　　　　　　　C. 1000　　　　　　D. 500

61. 杂物电梯的层门与其他电梯一样是防止发生剪切和坠落事故的关键，所以层门

应设有(　　)。

      A. 急停装置   B. 电气和机械联锁装置

      C. 重力锁   D. 弹珠锁

62. 杂物电梯的静载安全系数不少于(　　)。

      A. 10   B. 12   C. 15   D. 17

63. 杂物电梯的载重量不应超过(　　)kg。

      A. 200   B. 300   C. 500   D. 600

64. 杂物电梯轿厢内部下面如果存在人可进入的空间,轿厢的底板应按不小于(　　)N/m² 载荷设计。

      A. 5000   B. 6000   C. 8000   D. 10 000

65. 在电梯施工中,施工照明应采用(　　)V 安全电压。

      A. 6   B. 12   C. 18   D. 36

66. 在额定频率和额定电压下,梯级、踏板沿运行方向空载时所测得的速度与额定速度之间的最大允差为(　　)。

      A. ±5%   B. ±7%   C. ±8%   D. ±10%

67. 在救援乘客或遇紧急停车时,须断开(　　)。

      A. 门机开关   B. 风扇开关   C. 检修开关   D. 急停开关

68. 在蜗轮齿数不变的情况下,蜗杆头数(　　),则传动比越大。

      A. 增多   B. 减少   C. 不变   D. 以上都不对

参考答案:

1. A 2. C 3. B 4. D 5. A 6. D 7. D 8. D 9. D 10. C

11. A 12. C 13. B 14. D 15. D 16. D 17. A 18. A 19. A 20. A

21. A 22. B 23. C 24. C 25. C 26. A 27. A 28. A 29. A 30. B

31. D 32. C 33. A 34. A 35. C 36. A 37. A 38. C 39. D 40. A

41. B 42. B 43. B 44. D 45. B 46. C 47. A 48. C 49. B 50. D

51. D 52. B 53. A 54. A 55. C 56. A 57. B 58. A 59. A 60. D

61. B 62. C 63. A 64. A 65. D 66. A 67. B 68. B

四、液压电梯部分

1. (　　)是液压电梯液压控制的主要装置。

      A. 单向阀   B. 集成阀组   C. 方向控制阀   D. 安全阀

2. (　　)液压电梯可不设安全钳,但必须在液压缸的油口设限速切断阀。

      A. 直顶式   B. 间接顶   C. 旁侧式   D. 所有

3. 间接顶升的液压电梯的悬排钢丝绳应不少于(　　)根。

      A. 1   B. 2   C. 3   D. 4

4. 目前,国内液压电梯常用(　　)泵。

      A. 液压油   B. 旋转   C. 活塞   D. 螺杆

5. 目前液压电梯常用的液压油运动黏度为（   ）mm²/s

　　A. 0～60　　　　　B. 0～100　　　　　C. 20～100　　　　D. 20～120

6. 液压传动是利用（   ）内的液体压力能来完成由原动机向工作装置进行能量的传递或转换。

　　A. 油缸　　　　　B. 液压系统　　　　C. 密封工作容积　　D. 油泵

7. 液压电梯安全阀的调定压力不应超过额定载荷上升时压力的（   ）。

　　A. 110%　　　　　B. 120%　　　　　C. 130%　　　　D. 140%

8. 液压电梯的安全装置，除 GB 7588—2003 规定的之外，还应增加（   ）。

　　A. 安全阀和限流阀　　　　　　　　B. 安全阀和单向阀

　　C. 油温保护和报警装置　　　　　　D. 安全阀和报警装置

9. 液压电梯的轿厢在上端站平层时，导轨在上导靴以上的制导距离，应为油缸行程余量再加（   ）mm。

　　A. 100　　　　　B. 150　　　　　C. 200　　　　D. 300

10. 液压电梯的油泵一般采用螺杆泵，输出压力一般在（   ）MPa。

　　A. 0～6　　　　　B. 0～8　　　　　C. 0～10　　　　D. 0～12

11. 液压电梯空载上行的速度与上行额定速度的偏差应不大于（   ）。

　　A. +5%　　　　　B. ±5%　　　　　C. +8%　　　　D. ±8%

12. 液压电梯平层精度应在（   ）mm 范围内。

　　A. ±10　　　　　B. ±15　　　　　C. ±20　　　　D. ±25

13. 液压电梯上、下行电液比例阀的电磁铁必须有（   ）的独立的继电器控制。

　　A. 完整　　　　　B. 两个并联　　　　C. 两个串联　　　　D. 两个互锁

14. 液压电梯是通过（   ），把油压入油缸使柱塞作直线运动，直接或通过钢丝绳间接地使轿厢运动的电梯。

　　A. 液体　　　　　B. 液压油　　　　　C. 液压专用油　　　D. 液压动力源

15. 液压电梯下行由（   ）驱动。

　　A. 液压泵　　　　B. 液压电机　　　　C. 液体系统　　　　D. 轿厢的重量

16. 液压电梯液压系统油箱的油温应控制在（   ）℃。

　　A. 0～65　　　　　B. 5～70　　　　　C. 10～70　　　　D. 10～80

17. 液压电梯应有在紧急情况下，使轿厢下降的手动操作装置。该装置必须由人力操作，而且轿厢下降速度不应超过（   ）m/s。

　　A. 0.2　　　　　B. 0.25　　　　　C. 0.3　　　　D. 0.35

18. 液压电梯在轿厢超载（   ）以上时，控制系统应能报警并切断动力线路，使轿厢不能上行。

　　A. 15%　　　　　B. 115%　　　　　C. 20%　　　　D. 120%

19. 溢流阀的动作压力一般调节在满负荷压力的（   ）。

　　A. 140%～170%　　　　　　　　B. 125%～170%

　　C. 115%～155%　　　　　　　　D. 100%～155%

20. 直顶式液压电梯，柱塞与轿厢之间的连接应采用（   ）。

　　A. 铰接结构　　　　B. 万向节　　　　C. 节点结构　　　D. 螺栓联接

21. 只要改变油泵向油缸（　　），就可以改变液压电梯的运行速度。
　　A. 输出的油量　　　B. 油的压力　　　C. 液压油速度　　　D. 单位流量

参考答案：

1. B　2. A　3. B　4. D　5. C　6. C　7. B　8. C　9. B　10. C
11. D　12. B　13. C　14. D　15. D　16. B　17. C　18. C　19. A　20. A
21. A

五、曳引部分

1. 当发现多根曳引钢丝绳中某一根断股时，可以（　　）。
　　A. 不作任何处理　　　　　　　　B. 全部更换钢丝绳
　　C. 局部更换钢丝绳　　　　　　　D. 拆除继续运行

2. 当绳槽间的磨损深度差距超过曳引轮直径（　　）以上，应重车绳槽或更换新的曳引轮。
　　A. 1/20　　　　　B. 1/5　　　　　C. 1/15　　　　　D. 1/10

3. 导向轮对铅垂线的偏差在空载工况下均不大于（　　）mm。
　　A. 1　　　　　B. 0.5　　　　　C. 1.5　　　　　D. 2

4. 导向轮对铅垂线的偏差在满载工况下均不大于（　　）mm。
　　A. 1　　　　　B. 0.5　　　　　C. 1.5　　　　　D. 2

5. 电梯曳引钢丝绳的张力差值应不大于（　　）。
　　A. 5%　　　　　B. 10%　　　　　C. 15%　　　　　D. 25%

6. 电梯曳引绳为两根的安全系数不小于（　　）。
　　A. 12　　　　　B. 10　　　　　C. 16　　　　　D. 20

7. 电梯曳引绳为三根或三根以上时安全系数应不小于（　　）。
　　A. 20　　　　　B. 10　　　　　C. 16　　　　　D. 12

8. 计算钢丝绳安全系数时，应按有额定载荷轿厢，停在最低层站的情况，所以还必须计入（　　）的重量。
　　A. 最低　　　　　　　　　　　B. 额定
　　C. 钢丝绳和随行电缆等　　　　D. 钢丝绳

9. 减速箱蜗杆轴向游隙增大会导致（　　）而产生颤动。
　　A. 冲击　　　　B. 串轴过大　　　C. 啮合不良　　　D. 摆动

10. 试运行结束时，曳引机减速器油温升应（　　）。
　　A. 不超过85℃　　　　　　　　B. 不超过60℃
　　C. 不超过环境温度　　　　　　D. 不超过120℃

11. 曳引机、曳引钢丝绳是属于电梯结构的（　　）部分。
　　A. 导向　　　　B. 曳引　　　　C. 操纵　　　　D. 选层

12. 曳引机减速器油温升不超过60℃，其温度不应超过（　　）℃。
　　A. 75　　　　　B. 85　　　　　C. 95　　　　　D. 120

13. 曳引机减速箱速比范围通常为（   ）。

    A. 41～21   B. 61～21   C. 51～31   D. 31～21

14. 曳引检查中,检验电梯平衡系数应为（   ）。

    A. 40%～50%   B. 40%～45%   C. 45%～50%   D. 40%～60%

15. 曳引轮绳槽形状中（   ）产生的曳引力最大。

    A. 楔形槽   B. 带切口的半圆槽

    C. 半圆槽   D. 渐开线槽

16. 曳引轮外侧应漆成（   ）色。

    A. 红色   B. 蓝色   C. 绿色   D. 黄色

17. 一台电梯有四根曳引钢丝绳,经检测张力分别为:132N、135N、129N、140N,此台电梯钢丝绳最大张力与平均值偏差（   ）。

    A. ＞5%   B. ＝5%   C. ＜5%   D. ＜3%

18. 应经常检查各曳引绳之间的张力是否均匀,相互间的差值不得超过（   ）。

    A. 5%   B. 8%   C. 10%   D. 15%

19. 有齿轮曳引机广泛用在运行速度 $v \leqslant$（   ）m/s 的各种货梯、客梯和杂物电梯上。

    A. 1.0   B. 2.0   C. 3.0   D. 3.5

参考答案:

1. B 2. D 3. D 4. D 5. A 6. C 7. D 8. C 9. B 10. B

11. B 12. B 13. B 14. A 15. A 16. D 17. C 18. A 19. B

六、限速器部分

1. 当限速器的旋转速度超出额定速度的（   ）时,限速器就会切断控制电路或使安全钳动作。

    A. 115%   B. 120%   C. 125%   D. 130%

2. 电动机轴与减速器轴用联轴器连接,弹性连接其同心度应不超过（   ）mm。

    A. 0.02   B. 0.01   C. 0.5   D. 0.1

3. 电梯的限速装置是指（   ）。

    A. 极限开关   B. 限速器   C. 限速器和安全钳 D. 楔块

4. 对耗能型缓冲器试验时,从轿厢（或对重）开始离开缓冲器瞬间起,缓冲器柱塞复位时间应不大于（   ）s。

    A. 50   B. 90   C. 120   D. 150

5. 为了确保限速器起到应有作用,限速器钢丝绳直径应不小于（   ）。

    A. 5   B. 6   C. 10   D. 11

6. 限速器的动作应灵活可靠,旋转的部分应（   ）加油一次。

    A. 每日   B. 每月   C. 每年   D. 每周

7. 限速器动作卡住保险绳,是在电梯（   ）。

    A. 上行速度超过额定速度的105%时   B. 下行速度超过额定速度的105%时

    C. 检修速度   D. 下行速度超过额定速度的115%时

8. 限速器动作时,限速器绳的最大张力应不小于安全钳提拉力的( )倍或 300N 两个值的较大者。

    A. 5   B. 2   C. 4   D. 80

9. 限速器钢丝绳至导轨导向面与顶面两个方向的偏差均不得超过( )mm。

    A. 25   B. 15   C. 20   D. 10

10. 限速器轮外侧应漆成( )色。

    A. 蓝色   B. 绿色   C. 红色   D. 黄色

11. 限速器绳的公称直径应不小于( )mm

    A. 8   B. 12   C. 10   D. 6

12. 限速器绳轮的不铅垂度应不大于( )mm。

    A. 0.5   B. 1   C. 1.5   D. 2

13. 限速器张紧轮断绳开关一般设置在( )电路上。

    A. 运行电路   B. 安全保护电路   C. 换速电路   D. 启动电路

14. 限速装置和安全钳就是防止( )意外坠落的安全设施之一。

    A. 轿厢   B. 对重   C. 轿厢或对重   D. 轿顶

15. 有蜗轮减速器的电梯,用于梯速为( )m/s下的电梯。

    A. 2.5   B. 3.0   C. 3.5   D. 1.6

参考答案:

1. A   2. D   3. C   4. C   5. B   6. D   7. D   8. B   9. D   10. D
11. D   12. A   13. B   14. C   15. B

七、制动器部分

1. ( )是一种新型制动器,其制动力是轴向的,制动平稳、灵敏、散热好,在自动扶梯方面有广泛的应用前景。

    A. 块式制动器   B. 带式制动器   C. 盘式制动器   D. 碟式制动器

2. 电磁制动器的瓦衬磨损( )时,应更换新的瓦衬。

    A. 超过其厚度的 1/4

    B. 已露出铆钉头

    C. 超过其厚度的 1/4 或已露出铆钉头

    D. 超过其厚度的 1/2 或已露出铆钉头

3. 电梯在( )时,制动器的闸瓦不应与制动轮摩擦。

    A. 半制动状态   B. 停车   C. 正常运行   D. 以上都是

4. 电梯正常运行时,制动器应在( )下保持松开状态。

    A. 不通电   B. 持续通电   C. 断电   D. 带电

5. 电梯中的电磁制动器线圈与电动机电源( )。

    A. 并联   B. 串联   C. 混联   D. 以上都不是

6. 附加制动器在动作时应强制切断( )使工作制动器也同时动作。

A. 主电源　　　　　　B. 拖动电路　　　　　　C. 控制电路　　　　　　D. 急停电路

7. 切断制动器电流，至少应该用（　　）个独立的电气装置来实现。

　　A. 1　　　　　　　　B. 2　　　　　　　　　C. 3　　　　　　　　　D. 4

8. 制动轮的径向跳动应小于（　　）。

　　A. D/1000　　　　　B. D/2000　　　　　　C. D/300　　　　　　　D. D/3000

9. 制动器两侧闸瓦在松闸时应同时离开制动轮，其四角间隙平均值两侧各不大于（　　）mm，且无拖刹车现象。

　　A. 0.3　　　　　　　B. 0.5　　　　　　　　C. 0.7　　　　　　　　D. 0.8

10. 制动器手动松闸扳手油漆成（　　），并挂在容易接近的墙上。

　　A. 绿色　　　　　　B. 黑色　　　　　　　C. 黄色　　　　　　　　D. 红色

11. 制动器线圈引出线的接头应无松动，线圈的温升不得超过（　　）℃。

　　A. 85　　　　　　　B. 65　　　　　　　　C. 60　　　　　　　　　D. 50

12. 制动闸瓦与制动轮间隙过大或不同心会造成电梯（　　）。

　　A. 上行平层高下行平层低　　　　　　　B. 上行平层低下行平层高

　　C. 上行下行平层都高　　　　　　　　　D. 上行下行平层都低

参考答案：

1. C　2. C　3. C　4. B　5. D　6. C　7. B　8. D　9. C　10. D　11. C　12. A

八、电动机部分

1. 曳引电动机通过（　　）与蜗杆连接。

　　A. 螺栓　　　　　　B. 联轴器　　　　　　C. 法兰　　　　　　　　D. 蜗轮

2. 并励电动机具有硬机械特性，适用于（　　）。

　　A. 输出功率基本不变的场合　　　　　　B. 负载转矩在大范围内变化的场合

　　C. 转速要求恒定的场合　　　　　　　　D. 以上都不对

3. 并励电动机铭牌上的额定电流是指（　　）。

　　A. 额定电枢电流　　　　　　　　　　　B. 电源输入电动机的电流

　　C. 额定励磁电流　　　　　　　　　　　D. 以上都不是

4. 采用丫-△降压启动的异步电动机，电动机在正常运行时必须是（　　）。

　　A. 丫接法　　　　　B. △接法　　　　　　C. 丫/△接法　　　　　D. 丫-△短接法

5. 电动机变频调速系统主要包括异步电动机、（　　）、控制环节、负载及传动机构。

　　A. 变频器　　　　　B. 变压器　　　　　　C. 整流器　　　　　　　D. 稳压器

6. 电梯开关门电动机一般采用直流 110V 供电，电动机转速与电枢绕组端电压（　　）。

　　A. 成正比　　　　　B. 成反比　　　　　　C. 无关　　　　　　　　D. 以上都不是

7. 电梯能正常启动和运行对供电电压的要求是（　　）。

　　A. 额定电压±5%　　　　　　　　　　　B. 额定电压±7%

　　C. 额定电压±10%　　　　　　　　　　D. 额定电压±15%

8. 电源直接供电的电动机,必须用(　　)个独立接触器切断电源,接触器的触点应串联于电源电路中。

　　A. 4　　　　　　B. 3　　　　　　C. 2　　　　　　D. 1

9. 某一双速鼠笼式异步电动机两绕组级对数分别为 4 和 16,则该电动机快车与慢车的速度比为(　　)。

　　A. 4∶1　　　　B. 2∶1　　　　C. 1∶4　　　　D. 1∶3

10. 提高电动机的运行效率,最基本的方法是(　　)电动机,确定最佳运行方式,降低电动机的能量损耗。

　　A. 合理选择和使用 B. 用便宜的　　　C. 用贵的　　　　D. 用轻的

11. 为实现高效节能,获得优良控制性能,电梯主机一(　　)的优化设计很有必要。

　　A. 永磁同步曳引机 B. 双速电机　　　C. 调压电机　　　D. 直流电机

12. 蜗轮与电动机轴的不同轴度公差:对于刚性连接应小于(　　)。

　　A. 0.1　　　　　B. 0.02　　　　C. 0.2　　　　　D. 0.01

13. 直流电机中的电刷是为了引导电流,在实际应用中应采用(　　)。

　　A. 石墨电刷　　　B. 铜质电刷　　　C. 银质电刷　　　D. 铁质电刷

参考答案:

1. B　　2. A　3. C　4. B　5. A　6. A　7. B　8. C　9. A　10. A　11. A

12. B　13. A

九、门系统部分

1. 安全保护开关(即急停开关)和门联锁开关是在(　　)。

　　A. 同一控制电路　　　　　　　　B. 两个不同控制电路
　　C. 同一种安全开关　　　　　　　D. 井道内安装

2. 安全触板安装在(　　)上。

　　A. 厅门　　　　　B. 轿门　　　　C. 厅门和轿门　　D. 井道

3. 安全触板继电器安装在(　　)上。

　　A. 厅门　　　　　B. 轿门　　　　C. 控制箱　　　　D. 井道

4. 层门门扇与门扇、门扇与门套、门扇下端与地坎的间隙,乘客电梯应为(　　)mm。

　　A. 1~8　　　　　B. 1~6　　　　C. 2~7　　　　　D. 3~6

5. 当端站感应器失灵致使电梯不能正常平层时,则终端保护装置(　　)首先动作把轿厢制停。

　　A. 限位开关　　　B. 强迫换速开关　C. 极限开关　　　D. 涨绳轮开关

6. 对坠落危险的保护措施之一,要求开锁区域不大于层站地平面上下(　　)m。

　　A. 0.1　　　　　B. 0.2　　　　C. 0.3　　　　　D. 0.4

7. 关门行程 1/3 后,阻止关门的力不超过(　　)N。

　　A. 150　　　　　B. 140　　　　C. 130　　　　　D. 110

8. 联锁回路在电气上实现的方法是(　　)。

A. 所有厅门轿门锁开关串联后与继电器 MSJ 线圈串联

B. 所有厅门轿门锁开关并联后与继电器 MSJ 线圈串联

C. 所有厅门轿门锁开关串联后与继电器 MSJ 线圈并联

D. 所有厅门轿门锁开关与继电器 MSJ 线圈并联

9. 厅门的自动门锁，具有如下的功能（　　）。

A. 关合门时，能接通控制电源

B. 关合门时，能门联锁继电器和锁住厅门，厅外不能拉开

C. 关合门时，接通控制电源和锁住厅门，并具有自闭门功能

D. 关合门时，锁住厅门

10. 厅门是被动门，它是由（　　）带动的。

A. 电动机　　　B. 开门机构　　　C. 轿门上的门刀　　　D. 导向轮

11. 为了保证机械强度，门电气安全装置导线的截面积不应小于（　　）mm。

A. 0.75　　　B. 1　　　C. 1.5　　　D. 2

12. 在电梯厅门上设有（　　）装置。

A. 机械联锁　　　B. 电气联锁　　　C. 机械电气联锁　　　D. 安全

13. 自动开门的电梯，其厅门应不能（　　）开启。

A. 在层站用锁匙　　　　　　　B. 在轿厢内部用开门按钮

C. 在层门外用手扒　　　　　　D. 在轿顶用力

参考答案：

1. B　2. B　3. C　4. B　5. B　6. B　7. A　8. B　9. B　10. C
11. A　12. A　13. C

十、井道部分

1. 安装导轨支架的水平度应不大于（　　）。

A. 10%　　　B. 8%　　　C. 6%　　　D. 1.5%

2. 采用分区、分段方法检查短接性质的故障，可以很快地把发生故障的范围（　　）。

A. 缩到最小限度　　　B. 找到　　　C. 排除　　　D. 自动排除

3. 承重梁安装时，埋入墙壁的深度必须超过墙厚中心（　　）mm。

A. 10　　　B. 15　　　C. 20　　　D. 30

4. 当底坑下有能进人的空间时，底坑的地板强度应能承受不小于（　　）N/m² 的负荷。

A. 300　　　B. 500　　　C. 5000　　　D. 6000

5. 当端站换速传感器失灵使电梯不能正常平层，则（　　）装置动作。

A. 限位开关　　　B. 强迫换速开关　　　C. 极限开关　　　D. 限速开关

6. 导轨接头处台阶如超过规定应修平，修光长度（　　）mm 以上。

A. 100　　　B. 300　　　C. 200　　　D. 150

7. 导轨接头处台阶用直线度为 0.01/300 的平直尺测量，应不大于（　　）mm。

A. 0.1　　　B. 0.5　　　C. 0.02　　　D. 0.05

8. 导轨在导轨架固定处使用的垫片不能超过( )mm。
　　A. 3　　　　　　　B. 4　　　　　　　C. 5　　　　　　　D. 6

9. 电梯冲顶碰到上限位开关,断开( )。
　　A. 电梯控制电源　　　　　　　　　　B. 电梯主电源
　　C. 电梯上方向控制电源　　　　　　　D. 底坑开关

10. 电梯冲顶时最后制停轿厢是( )。
　　A. 极限开关断开主电源　　　　　　　B. 制动器刹车
　　C. 缓冲器　　　　　　　　　　　　　D. 电动机失电

11. 电梯处于检修状态时,能用于正常检修工作和( )。
　　A. 正常装载检修运行　　　　　　　　B. 不准装载运行
　　C. 正常装载时检修点动平层　　　　　D. 半载检修运行

12. 电梯快车运行时,第一级安全保护开关应该是( )。
　　A. 强迫换速装置　　B. 限位开关　　　C. 极限开关　　　D. 缓冲器

13. 调整导轨时,使用( )mm以上的垫片需要对垫片进行点焊。
　　A. 3　　　　　　　B. 4　　　　　　　C. 5　　　　　　　D. 6

14. 对重的隔障从电梯底坎地面上不大于0.3m处向上延伸到至少( )m的高度。
　　A. 1.8　　　　　　B. 2.2　　　　　　C. 2.5　　　　　　D. 3

15. 对重的运行区域应采用( )防护。
　　A. 缓冲器　　　　　B. 安全钳　　　　C. 隔离　　　　　D. 刚性隔障

16. 对重两列导轨顶面间的距离偏差为( )。
　　A. 0～+3　　　　　B. −2～0　　　　　C. 0～+2　　　　　D. −3～0

17. 封闭式井道内应设置照明,井道最高与最低0.5m以内各装设一灯外,中间灯距不超过( )m。
　　A. 5　　　　　　　B. 6　　　　　　　C. 7　　　　　　　D. 10

18. 各导轨架之间的间隔距离应不大于( )m。
　　A. 2　　　　　　　B. 2.5　　　　　　C. 3　　　　　　　D. 3.5

19. 固定导轨的压导板螺栓应无松动,( )应检查紧固一次。
　　A. 每月　　　　　　B. 每季　　　　　C. 每日　　　　　D. 每年

20. 固定导轨架的钢梁两端埋入井壁的深度必须大于( )mm以上。
　　A. 200　　　　　　B. 150　　　　　　C. 120　　　　　　D. 100

21. 交流双速电梯的速度不大于( )m/s。
　　A. 1　　　　　　　B. 1.5　　　　　　C. 2　　　　　　　D. 0.5

22. 轿厢的组装一般多在( )井道内进行。
　　A. 上端站　　　　　B. 端站　　　　　C. 中间层站　　　　D. 任意层站

23. 进入底坑检修工作时应( )。
　　A. 两人配合,按下底坑急停开关
　　B. 带上安全帽,按下急停开关
　　C. 两人配合带上安全帽,按下底坑急停开关,不要站立在对重位置

D. 两人配合工作

24. 每根导轨上至少应设置(　　)个导轨架固定。

    A. 1   B. 2   C. 3   D. 4

25. 气割设备在使用过程中,氧气瓶和乙炔瓶两瓶距离不得小于(　　)m。

    A. 7   B. 8   C. 9   D. 10

26. 为了安全起见,在电梯的上端站和下端站处,设置了限制电梯运行区域的装置,称为(　　)。

    A. 极限开关   B. 限位开关   C. 强迫换速开关   D. 限速开关

27. 下面井道内作业的操作,正确的是(　　)。

    A. 关闭电源并上锁   B. 立体交叉作业

    C. 无特殊需要打开厅门作业   D. 关闭轿门

28. 相邻两根承重梁的高度公差应不大于(　　)mm。

    A. 0.1   B. 0.5   C. 0.8   D. 1.0

29. 校正导轨接头的平直度时,应拧松(　　),逐根调直。

    A. 导轨支架固定螺栓   B. 两头邻近的导轨接头板螺栓

    C. 所有螺栓   D. 压轨板

30. 油压缓冲器栓塞的安装垂直偏差应不大于(　　)。

    A. 1.0%   B. 5%   C. 0.4%   D. 0.5%

31. 在井道最顶层,导轨顶面与机房楼板的间隙不得大于(　　)mm。

    A. 50   B. 90   C. 100   D. 120

参考答案:

1. D   2. A   3. C   4. C   5. A   6. D   7. D   8. C   9. C   10. C

11. C   12. A   13. C   14. C   15. D   16. A   17. C   18. B   19. D   20. C

21. A   22. A   23. C   24. B   25. C   26. B   27. A   28. B   29. B   30. D

31. A

十一、机房部分

1. 机房地面曳引绳通过的孔洞应有高度(　　)mm的周框。

    A. 不限   B. ≥50   C. ≥30   D. ≥40

2. 机房内钢丝绳与楼板孔洞每边间隙均应为(　　)mm。

    A. 10~30   B. 10~40   C. 20~30   D. 20~40

3. 机房四面有窗采光很好,就(　　)不再设人工照明。

    A. 可以   B. 不可以

4. 机房温度应不低于(　　)℃。

    A. 0   B. 40   C. 5   D. 15

5. 机房温度应不高于(　　)℃。

    A. 0   B. 40   C. 5   D. 55

6. 进入深度大于 1.5m 的机房时,专用梯子与水平面的夹角不大于(　　)。
   A. 90°   B. 80°   C. 75°   D. 65°

7. 如果几台自动扶梯的各主开关设置在一个机房内,则各台自动扶梯主开关应(　　)。
   A. 标注清楚易于识别   B. 用总开关控制
   C. 分别控制   D. 按数字标注

8. 为了保证机房设备的正常运行,机房的环境温度应保持在(　　)℃。
   A. 0～40   B. 5～40   C. 10～40   D. 15～40

9. 在机房、驱动站和转向站的入口门上应有(　　)。
   A. 护栏   B. 固定明显的标志 C. 阻隔   D. 急停按钮

10. 在机房进行电梯维修、检查、清洁时应将以下开关断开(　　)。
   A. 电源总开关   B. 急停开关   C. 限速开关   D. 照明开关

参考答案:
1. B　2. D　3. B　4. C　5. B　6. C　7. A　8. B　9. B　10. A

十二、安全钳部分

1. (　　)是电梯安全系统的最后一道装置,能对失控的轿厢或对重起保护作用。
   A. 限速器   B. 安全钳   C. 极限开关   D. 缓冲器

2. 安全钳楔块与导轨工作面的间隙,应调整为(　　)mm。
   A. 1～2   B. 2～3   C. 4～5   D. 5～10

3. 对瞬时式安全钳做可靠性动作试验时,应载以均匀分布的载荷,并以(　　)时进行试验。
   A. 检修速度上行   B. 检修速度下行
   C. 额定速度下行   D. 额定速度上行

4. 渐进式安全钳用于速度大于(　　)的电梯。
   A. 0.63   B. 1.0   C. 1.75   D. 2.5

5. 瞬时式安全钳用于速度不大于(　　)的电梯。
   A. 0.63   B. 1.0   C. 1.75   D. 80

6. 新装的电梯瞬时式安全钳动作试验,应在轿厢(　　)的情况下向下运行进行。
   A. 空载   B. 均匀分布的额定载重量
   C. 满载   D. 超载

7. 在装有额定载重量的轿厢自由下落的情况下,渐进式安全钳动作时的制停平均减速度应为(　　)gn。
   A. 0.2～100   B. 1.0   C. 1.0～1.2   D. 2.5

参考答案:
1. D　2. B　3. B　4. A　5. A　6. B　7. A

十三、自动扶梯部分

1. （　　）上面装有一系列梯级，由主轴上的牵引链轮带动。
   A. 传动链条　　　　　B. 驱动链条　　　　　C. 长节链条　　　　　D. 滚子链条

2. （　　）是梯级链条的主要参数。
   A. 节圆　　　　　B. 节距　　　　　C. 滚子直径　　　　　D. 链轮直径

3. （　　）以链条为牵引件，右称链条式自动扶梯。
   A. 端部驱动　　　　　B. 底部驱动　　　　　C. 中间驱动　　　　　D. 顶部驱动

4. 《自动扶梯和自动人行道的制造与安装安全规范》的国家标准的标号是（　　）。
   A. GB 7588　　　　　B. GB 10060　　　　　C. GB 16899　　　　　D. GB 6067

5. 严禁在自动扶梯运行时转换方向，只有当自动扶梯处于（　　）时，才能进行运行方向的操作。
   A. 符合启动条件　　　　　　　　　　B. 领导批准
   C. 停车状态　　　　　　　　　　　　D. 停车状态，并符合启动条件

6. 按驱动装置在自动扶梯的位置可分为端部驱动装置和（　　）装置两种。
   A. 底部驱动　　　　　B. 中间驱动　　　　　C. 顶部驱动　　　　　D. 机头驱动

7. 拆装自动扶梯的梯级，必须在（　　）状态下两人配合进行。
   A. 检修　　　　　　　　　　　　　　B. 断电
   C. 断电并确定制动系统正常工作　　　D. 停止

8. 带传动的中心距与小带轮的直径一定时，若增大传动比，则小带轮上的包角（　　）。
   A. 减小　　　　　B. 增大　　　　　C. 不变　　　　　D. 不确定

9. 带传动是依靠（　　）来传递运动的。
   A. 主轴的动力　　　　　　　　　　　B. 主动轮的转矩
   C. 带与带轮间的摩擦力　　　　　　　D. 主动轮转速

10. 对于自动扶梯控制电路和安全电路，导体之间或导体对地之间的直流电压平均值或交流电压的有效值不应超过（　　）V。
    A. 36　　　　　B. 110　　　　　C. 220　　　　　D. 250

11. 额定速度为 0.5m/s 的自动扶梯，制停距离范围为（　　）m。
    A. 0.1～0.8　　　　　B. 0.2～1.0　　　　　C. 0.3～1.3　　　　　D. 0.35～1.5

12. 扶手带的带速与梯级的速度应保持同步，按规定，允差为（　　）。
    A. ±1%　　　　　B. ±2%　　　　　C. 0～+3%　　　　　D. 0～+2%

13. 扶手带开口处与导轨或扶手支架的间隙，在任何情况下不得超过（　　）mm，在运动中不能挤压手指或手。
    A. 10　　　　　B. 8　　　　　C. 6　　　　　D. 4

14. 附加制动器应在自动扶梯速度超过额定速度的（　　）倍之前和在梯级、踏板改变其规定运行方向时动作。
    A. 1.1　　　　　B. 1.15　　　　　C. 1.25　　　　　D. 1.4

15. 护壁板之间的空隙不应大于（　　）mm,其边缘应是圆角和倒角形。
　　A. 3　　　　　B. 4　　　　　C. 5　　　　　D. 6

16. 控制系统应能使自动扶梯启动后,经过一段足够的时间（　　）才能自动停止运行。
　　A. 至少为预期乘客输送时间再加 10s　　B. 1min
　　C. 2min　　　　　　　　　　　　　　　　D. 3min

17. 驱动主轴上的两个驱动链轮必须（　　）组装,不然梯级运行时会造成歪斜现象。
　　A. 同时　　　　B. 配对　　　　C. 同轴　　　　D. 整体

18. 驱动自动扶梯主机的电源应由（　　）个独立的接触器来控制。
　　A. 1　　　　　B. 2　　　　　C. 3　　　　　D. 4

19. 如果自动扶梯的主开关或其他开关断开后,一些连接端子仍然带电,则它们应与不带电端子（　　）。
　　A. 分开　　　　B. 明显地隔开　　C. 标记区别　　D. 混合编排

20. 梳齿板的结构应为可调式,以保证梳齿的啮合深度（　　）mm。
　　A. ≥10　　　　B. ≥8　　　　C. ≥6　　　　D. ≥4

21. 梳齿板应装在（　　）,以使乘客方便地上下。
　　A. 自动扶梯两端出入口处　　　　B. 梯级之间
　　C. 自动扶梯入口处　　　　　　　D. 自动扶梯出口处

22. 速度监控装置当自动扶梯速度超过额定速度（　　）倍时,或低于额定速度时,使自动扶梯立即停止运行。
　　A. 1.15　　　　B. 1.2　　　　C. 1.25　　　　D. 1.3

23. 梯级和踏板应满足（　　）试验要求。
　　A. 静载　　　　B. 动载　　　　C. 超载　　　　D. 静载和动载

24. 围群板与梯级单边间隙应小于（　　）mm。
　　A. 2　　　　　B. 3　　　　　C. 4　　　　　D. 5

25. 维修人员用操纵开关启停自动扶梯之前,应站在（　　）的地方,并保证在操作之前没有人正在使用自动扶梯。
　　A. 机房内　　　B. 能看到整台扶梯　C. 最高　　　D. 最低

26. 位于自动扶梯两端出入口,为方便乘客的过渡并与梯级、踏板或胶带啮合的部件叫（　　）。
　　A. 楼层板　　　B. 梳齿板　　　C. 防夹装置　　D. 护栏板

27. 严禁在自动扶梯运行时转换方向,只有当自动扶梯处于（　　）时,才能进行运行方向的操作。
　　A. 符合启动条件　　　　　　　　B. 领导批准
　　C. 停车状态　　　　　　　　　　D. 停车状态并符合启动条件

28. 要定期对自动扶梯进行下列内容进行检查:安全装置、制动器、驱动元件、梯级、梳齿板、扶手带、护型板和围群板以及（　　）。
　　A. 驱动站的接地端　　　　　　　B. 安全制度及标志
　　C. 张紧装置　　　　　　　　　　D. 自行润滑系统

29. 由于链条磨损,链条伸长,于是出现链条不在理想的(　　)直径上进行运动,这样就会出现链条在链轮上爬高的现象,严重甚至出现跳齿。
    A. 外圆　　　　　　　B. 内圆　　　　　　　C. 链轮　　　　　　　D. 节圆

30. 在维护、修理、检查工作期间,自动扶梯的出入口处应用(　　)拦住乘客。
    A. 适当的装置或道路交通标志　　　　B. 护栏
    C. 绳索　　　　　　　　　　　　　　D. 挡板

31. 在自动扶梯工作区段内的任何位置,从踏面测得的两个相邻梯级或两个相邻踏板之间的间隙不应超过(　　)mm。
    A. 4　　　　　　　　　B. 5　　　　　　　　　C. 6　　　　　　　　　D. 7

32. 自动扶梯的地线和零线应(　　)。
    A. 连成一体　　　　　B. 独立接地　　　　　C. 始终分开　　　　　D. 无要求

33. 自动扶梯的梯级的上空,垂直净高度不应小于(　　)m。
    A. 2　　　　　　　　　B. 2.3　　　　　　　　C. 2.5　　　　　　　　D. 3

34. 自动扶梯的梯路是个封闭的循环系统,由(　　)组成。
    A. 导轨　　　　　　　　　　　　　　B. 上分支
    C. 下分支　　　　　　　　　　　　　D. 上分支和下分支

35. 自动扶梯的制动器一般使用(　　)的机电制动器。
    A. 常闭式　　　　　　B. 常开式　　　　　　C. 块式　　　　　　　D. 带式

36. 自动扶梯的制动系统包括:工作制动器和(　　)。
    A. 附加制动器　　　　B. 扶手带制动器　　　C. 紧急制动器　　　　D. 块式制动器

37. 自动扶梯的重大改造是指诸如速度、驱动装置、控制系统和(　　)等的改变,必须经国家有关部门审批后才可进行。
    A. 安全装置　　　　　B. 制动系统　　　　　C. 梯路系统　　　　　D. A+B+C

38. 自动扶梯电气设备导体之间和导体对地之间的绝缘电阻应大于1000Ω/V,并且动力电路和电气安全装置电路绝缘电阻值不得小于(　　)Ω。
    A. 50 000 000　　　　B. 500 000　　　　　　C. 250 000　　　　　　D. 2 500 000

39. 自动扶梯电气设备导体之间和导体对地之间的绝缘电阻应大于1000Ω/V,并且控制、照明、信号等电路其值不得小于(　　)Ω。
    A. 50 000 000　　　　B. 500 000　　　　　　C. 250 000　　　　　　D. 2 500 000

40. 自动扶梯电气设备可能出现的故障类型,归纳起来共有(　　)。
    A. 5 种　　　　　　　B. 9 种　　　　　　　C. 12 种　　　　　　　D. 无限

41. 自动扶梯各梯级的(　　)与梯级链活套在一起,这样可以做到梯级在上分支保持水平,在下分支进行翻转。
    A. 梯级轮轴　　　　　B. 辅轮轮轴　　　　　C. 翻滚轮轴　　　　　D. 主轮轮轴

42. 自动扶梯加装变频控制装置及(　　)装置,当有乘客进入自动扶梯时,扶梯以正常速度运行,当一段时间内无乘客进入自动扶梯,扶梯将转入低速运行,实现节能效果。
    A. 开关　　　　　　　B. 光电感应装置　　　C. 启动　　　　　　　D. 制动

43. 自动扶梯两旁装有与(　　)同步运行的扶手装置。

    A. 梯路   B. 输送机   C. 运行速度   D. 驱动机

44. 自动扶梯每根链条的安全系数不应小于(   )。

    A. 5   B. 8   C. 12   D. 16

45. 自动扶梯驱动机组通过(   )。

    A. 驱动主轴带动传动链条   B. 传动链条带动驱动主轴

    C. 电动机带动驱动主轴   D. 减速器带动驱动主轴

46. 自动扶梯驱动装置一般由电动机、减速器、制动器、驱动主轴和(   )等组成。

    A. 传动链条   B. 驱动齿轮   C. 传动链轮   D. 扶手驱动轮

47. 自动扶梯是一种带有(   ),用于向上或向下倾斜输送乘客的固定电力驱动设备。

    A. 链式输送机   B. 曳引输送机

    C. 连续输送机   D. 循环运行梯级

48. 自动扶梯提升高度超过 6m 以上以及公共交通型的自动扶梯都应设置(   )。

    A. 工作制动器   B. 紧急制动器   C. 附加制动器   D. 辅助制动器

49. 自动扶梯性能和质量的好坏很大程度上取决于(   )。

    A. 安全保护装置   B. 电气控制电路

    C. 梯级的质量和性能   D. 驱动装置

50. 自动扶梯应设置便携式手动操作的检修控制装置,其电缆长度至少应为(   )m。

    A. 1   B. 2   C. 3   D. 4

参考答案:

1. B   2. B   3. A   4. C   5. D   6. B   7. C   8. A   9. C   10. D

11. B   12. D   13. B   14. D   15. B   16. A   17. B   18. B   19. B   20. C

21. A   22. B   23. D   24. C   25. D   26. B   27. C   28. A   29. D   30. A

31. C   32. C   33. B   34. B   35. A   36. B   37. D   38. B   39. C   40. B

41. D   42. B   43. A   44. A   45. B   46. C   47. C   48. C   49. C   50. C

十四、电梯法律法规部分

1. (   )对极限开关进行一次越程检查。

    A. 每月   B. 每季   C. 每年   D. 每周

2. (   )节能重点工程是《节能中长期专项规划》的重要内容,已纳入《国民经济和社会发展第十一个五年规划纲要》,是实现"十一五"单位 GDP 能耗降低 20% 左右目标的一项重要工程技术措施。

    A. 七大   B. 八大   C. 十大   D. 九大

3. (   )不得非法印制、伪造、涂改、倒卖、出租或者出借《特种设备作业人员证》。

    A. 任何单位   B. 个人

    C. 集体   D. 任何单位和个人

4. (   )由中华人民共和国第十届全国人民代表大会常务委员会第十四次会议通过,自 2006 年 1 月 1 日起施行。

A.《能源法》　　　　　　　　　　　B.《利用能源法》

C.《使用能源法》　　　　　　　　　D.《可再生能源法》

5.（　　）负责对安全生产费用的提取、管理和使用情况进行监督检查，其他相应负有安全生产监督管理职责的部门应当予以协助。

　　A. 安全监督管理部门　　　　　　　　B. 财政管理部门

　　C. 安全生产监督管理部门、财政部门　　D. 安全监督管理部门、生产经营单位

6. 若持证作业人员以考试作弊或者以其他欺骗方式取得《特种设备作业人员证》，应当予以（　　）处罚。

　　A. 撤职　　　　　　B. 停止作业　　　　　C. 罚款并重考　　　　D. 吊销该证

7. 改造是指改变原特种设备受力结构、机构或控制系统，致使特种设备的（　　）发生变更的业务。

　　A. 性能参数　　　　　　　　　　　B. 技术指标

　　C. 性能参数和技术指标　　　　　　D. 性能参数或技术指标

8.“十一五”期间，平均每年安排不少于（　　）种节能减排产品的国家监督抽查，对严重不合格的用能产品强制收回管理。

　　A. 13　　　　　　　B. 14　　　　　　　C. 15　　　　　　　D. 16

9. 使用单位是指具有在用特种设备（　　）的单位或个人。

　　A. 管理权利和管理义务　　　　　　B. 使用权利和保养义务

　　C. 使用权利和管理义务　　　　　　D. 管理权利和维修义务

10.《广州市安全生产条例》于（　　）起实施。

　　A. 2003 年 7 月 1 日　　　　　　　B. 2005 年 9 月 1 日

　　C. 2007 年 11 月 30 日　　　　　　D. 2008 年 3 月 1 日

11.《锅炉压力容器压力管道特种设备安全监察行政处罚规定》自（　　）起实施。

　　A. 2002 年 3 月 1 日　　　　　　　B. 2003 年 3 月 1 日

　　C. 2005 年 7 月 1 日　　　　　　　D. 2007 年 7 月 1 日

12.《锅炉压力容器压力管道特种设备事故处理规定》自（　　）起实施。

　　A. 2001 年 1 月 15 日　　　　　　B. 2001 年 11 月 15 日

　　C. 2002 年 1 月 15 日　　　　　　D. 2002 年 11 月 15 日

13.《特种设备安全监察条例》已经 2003 年 2 月 19 日国务院第 68 次常务会议通过，现予公布，自（　　）起施行。

　　A. 2003 年 10 月 1 日　　　　　　B. 2003 年 6 月 1 日

　　C. 2003 年 6 月 10 日　　　　　　D. 2003 年 10 月 10 日

14.《特种设备安全监察条例》中，电梯是包括（　　）。

　　A. 乘客电梯和载货电梯　　　　　　B. 扶梯

　　C. 自动人行道　　　　　　　　　　D. A、B、C 都是

15.《特种设备作业人员证》遗失或损毁的，持证人应当及时报告（　　）并在当地媒体予以公告。

　　A. 发证部门　　　　　　　　　　　B. 用人单位

C. 发证部门或用人单位　　　　　　D. 发证部门和用人单位

16.《特种设备作业人员监督管理办法》（　　　）从事房屋建筑工地和市政工程工地起重机械作业及其相关管理的人员。

　　A. 适用　　　B. 不适用　　　C. 部分适用　　　D. 不全适用

17.《特种设备作业人员监督管理办法》经 2004 年 12 月 24 日国家质量监督检验检疫总局局务会议审议通过，自（　　　）起施行。

　　A. 2005-7-1　　　B. 2004-7-1　　　C. 2005-9-1　　　D. 2006-1-1

18.《特种设备作业人员证》的格式、印刷等事项由（　　　）规定。

　　A. 特种设备安全监督局　　　　　　B. 国家质检总局

　　C. 特种设备检测检验中心　　　　　D. 办证中心

19.《特种设备作业人员证》每（　　　）年复审一次。

　　A. 1　　　B. 2　　　C. 3　　　D. 5

20.《中华人民共和国节约能源法》于 2007 年 10 月 28 日由中华人民共和国第十届全国人民代表大会常务委员会第三十次会议修订通过，自（　　　）起施行。

　　A. 2008 年 3 月 1 日　　　　　　B. 2008 年 4 月 1 日

　　C. 2008 年 5 月 1 日　　　　　　D. 2008 年 6 月 1 日

21. 2005 年我国工业部终端能源消费量占全国终端能源总消费量的 58.6%，建材、钢铁和（　　　）是耗能最多行业。

　　A. 化工　　　B. 矿产　　　C. 建筑　　　D. 机械

22. VVVF 变频器同时对变压变频进行精确的调速控制，确保了曳引机高效、准确、平稳的运行。进而，通过采用高效 PWM 换流器，实现了制动系统的（　　　）化

　　A. 快速　　　B. 小型　　　C. 节能　　　D. 有效

23. 安全生产风险抵押金由企业专户存储，专项用于本企业生产安全事故抢险、（　　　）和善后处理。

　　A. 救灾　　　B. 设备增置　　　C. 设施维修　　　D. 员工津贴

24. 安全生产管理部门对不符合保障安全生产的国家标准或行业标准的设施、设备、器材予以查封或扣押，并应当在（　　　）日内依法作出处理决定。

　　A. 10　　　B. 15　　　C. 20　　　D. 30

25. 被检查者对行政处罚不服的，可以依法提请（　　　）。

　　A. 行政复议　　　　　　B. 行政诉讼

　　C. 行政复议或者行政诉讼　　　D. 上诉

26. 查处安全生产违法行为案件一般应当在自立案之日起 30 日内结案。特殊情况，经上一级负有安全生产监督管理职责的部门批准，可延长至（　　　）日。

　　A. 30　　　B. 90　　　C. 180　　　D. 210

27. 拆旧梯或在已投入使用建筑内进行安装电梯作业时，动火前应（　　　）。

　　A. 做好消防措施

　　B. 取得建筑物业主的同意

　　C. 取得建筑物业主的动火许可的书面文本

D. 关闭井道出入口

28. 持有《特种设备作业人员证》的人员应当在复审期满（ ），向发证部门提出复审申请。

    A. 3 个月前   B. 3 个月后   C. 2 个月前   D. 2 个月后

29. 从事特种设备安全监察条例的监督检验、定期检验、型式试验检测工作的特种设备检验检测机构，应当经国务院特种设备（ ）部门核准。

    A. 安全监督管理   B. 技术监督管理

    C. 质量监督管理   D. 性能监督管理

30. 从事特种设备型式试验、验收检验和定期检验等监督检验工作的技术机构，必须经（ ）质量技术监督行政部门的资格认可和授权。

    A. 县级以上   B. 省级以上

    C. 国家级   D. 地方行政部门

31. 从业人员（ ）人以上的金属冶炼、机械制造、道理和水上交通运输、建材、电力等行业的生产经营单位应当建立安全生产委员会。

    A. 100   B. 200   C. 300   D. 500

32. 当电梯发生意外伤人事故时，电梯作业人员应首先（ ）。

    A. 把事故报告有关部门，听候处理

    B. 停止电梯作业，抢救受伤人员，保护现场

    C. 按照三不放过原则采取有效的防护措施

    D. 自行处理

33. 当生产经营单位违反安全生产法律、法规，侵犯从业人员合法权益时，以下选项属于工会权利的是（ ）。

    A. 要求纠正   B. 提出解决建议   C. 罚款   D. 交书面检讨

34. 当事人故意破坏、伪造事故现场、毁灭证据、未及时报告事故等致使事故责任无法认定的，（ ）应当承担全部责任。

    A. 当事人   B. 当事人的主管部门

    C. 当事人及其主管部门   D. 生产单位

35. 当遇到电梯电气设备发生火灾时，应采用（ ）灭火。

    A. 水   B. 1211 灭火器

    C. 泡沫灭火器   D. 油

36. 到 2010 年，初步形成（ ），完善技术检测与服务体系，基本建立节能审查和监管的工作制度，通过加强企业管理，促进技术进步，力争实现年节约 5000 万吨以上标准煤的能力。

    A. 计量法规体系   B. 审查监督管理体系

    C. 环境监督管理体系   D. 节能监管法规标准体系

37. 到 2010 年，初步形成（ ），完善技术检测与服务体系，基本建立节能审查和监管的工作制度，通过加强企业管理，促进技术进步，力争实现年节约 5000 万吨以上标准煤的能力。

A. 计量法规体系　　　　　　　B. 审查监督管理体系
C. 环境监督管理体系　　　　　D. 节能监管法规标准体系

38. 到 2010 年,广州市单位 GDP 能耗由 2005 年的 0.78 吨标准煤/万元下降到 0.62 吨标准煤/万元,比"十五"期末下降( )(高于全省单位 GDP 能耗下降 16% 的目标),年均下降率 4.36%。

　A. 15%　　　　　B. 20%　　　　　C. 10%　　　　　D. 5%

39. 到 2010 年,我国单位 GDP 能耗降低( )左右,这是国家十一五规划纲要提出的重要约束性指标。

　A. 10%　　　　　B. 20%　　　　　C. 30%　　　　　D. 40%

40. 电梯,是指动力驱动,利用沿( )运行的箱体或者沿用固定线路运行的机电设备。

　A. 柔性轨道　　　B. 刚性轨道　　　C. 斜线轨道　　　D. 直线轨道

41. 电梯出现故障或停电困人,应立即按以下( )的方法盘车。
　A. 两个以上的维修工操作,一人松开抱闸,另一人盘动盘车轮
　B. 两个以上的维修工操作,一人把持盘车轮,另一个松开抱闸,然后开始盘动盘车轮
　C. 先切断主电源,然后按 A 的方法
　D. 先切断主电源,然后再按 B 的方法

42. 电梯的接地和电气设备的绝缘电阻应( )检查一次。
　A. 每月　　　　　B. 每季　　　　　C. 每年　　　　　D. 每两年

43. 电梯竣工验收、安装质量检验一般由( )。
　A. 国家机电安装监督部门　　　B. 国家民政部门
　C. 国家劳动安全监督部门　　　D. 国家质量技术监督部门

44. 电梯驱动主机及其附属设备和滑轮应设置在一个专用房间内,该房间只有( )才能接近。
　A. 维修人员　　　　　　　　　B. 检查人员
　C. 营救人员　　　　　　　　　D. 维修、检查及营救人员

45. 电梯应当至少每( )日进行一次清洁、润滑、调整和检查。
　A. 7　　　　　　B. 15　　　　　　C. 25　　　　　　D. 30

46. 电梯作业人员必须持( )操作证上岗。
　A. 安全　　　　　　　　　　　B. 企业颁发的
　C. 质量技术监督局颁发的　　　D. 机械

参考答案:
1. C　2. C　3. D　4. D　5. C　6. D　7. C　8. C　9. A　10. D
11. A　12. B　13. B　14. D　15. A　16. B　17. A　18. B　19. B　20. B
21. A　22. C　23. A　24. D　25. C　26. C　27. C　28. A　29. A　30. B
31. C　32. B　33. A　34. A　35. B　36. D　37. D　38. B　39. B　40. B
41. D　42. C　43. D　44. D　45. B　46. C

第四章

复审题目精选

按照相关要求,电梯操作证(上岗证)属于特种行业,每4年要复审一次,体检合格、通过理论考核即可通过复审,以下部分理论复审题目(单选选择题)供参考。

1. 发证部门或者考试机构工作人员滥用职权、玩忽职权、以权谋私的,应当依法给予(　　)处分。

    A. 行政　　　　　　　　　　　　　　B. 民事

    C. 刑事　　　　　　　　　　　　　　D. 罚款

2. 发证部门未按规定程序组织和审核发证,或者发证部门为对考试机构严格监督管理影响特种设备作业人员的考试质量的,由(　　)发证部门责令整改。

    A. 县级　　　　　　　　　　　　　　B. 省级

    C. 国家级　　　　　　　　　　　　　D. 上一级

3. 发证部门应当在(　　)个工作日内对报送材料进行审查,或者告知申请人补正申请材料,并作出是否受理的决定。

    A. 20　　　　　B. 10　　　　　C. 5　　　　　D. 2

4. 凡在中国境内销售境外制造特种设备的产品或者部件,其同类型首台产品或者部件必须由国家质量技术监督局指定的(　　)机构进行型式试验,合格后方可正式销售。

    A. 安全监督　　　　　　　　　　　　B. 技术检测

    C. 监督检验　　　　　　　　　　　　D. 性能检测

5. 非法印制、伪造、涂改、倒卖、出租、出借《特种设备作业人员证》,或使用非法印制、伪造、涂改、倒卖、出租、出借《特种设备作业人员证》的,处(　　)罚款;构成犯罪的,依法追究刑事责任。

    A. 500元以下　　　　　　　　　　　B. 1000元以下

    C. 1500元以下　　　　　　　　　　D. 2000元以下

6. 负有安全生产监督管理职责的部门对涉及安全生产的事项进行审查、验收时,(　　)。

    A. 不得收取费用

    B. 只允许收取材料费用

    C. 全额收取费用

    D. 视情况而定,特殊情况要收取

7. 复审不合格的应当（　　）。逾期未申请复审或考试不合格的,其《特种设备作业人员证》予以注销。

    A. 重新参加考试　　　　　　　　　　B. 不得参加考试

    C. 申请延期复审　　　　　　　　　　D. 增加实操考试

8. 高温作业的生产单位,未采取防暑降温措施,未配备急救药品和器材或者未合理安排作息时间的,由劳动部门责令限期改正;逾期不改的,处（　　）罚款。

    A. 3000 元以上 20 000 元以下　　　　B. 5000 元以上 20 000 元以下

    C. 3000 元以上 25 000 元以下　　　　D. 5000 元以上 25 000 元以下

9. 各地应当牢固树立（　　）的理念,主动为企业提供政策咨询服务、法规标准服务、技术检测服务,充分调动和发挥企业在节能工作上的主导性、主动性、创造性。

    A. 在服务中监督　　　　　　　　　　B. 在监督中服务

    C. 以人为本　　　　　　　　　　　　D. 一切服务于环境

10. 广东省特种设备安全监察规定自（　　）起实施。

    A. 2002 年 9 月 1 日　　　　　　　　B. 2003 年 9 月 1 日

    C. 2005 年 9 月 1 日　　　　　　　　D. 2007 年 9 月 1 日

11. 锅炉、气瓶、氧舱和客运索道、大型游乐设施的设计文件,未经国务院特种设备安全监督管理部门核准的检验检测机构鉴定,擅自用于制造的,由特种设备安全监督管理部门责令改正,没收非法制造的产品,处（　　）罚款。

    A. 1 万元以上 3 万元以下　　　　　　B. 3 万元以上 5 万元以下

    C. 5 万元以上 20 万元以下　　　　　D. 5 万元以上 10 万元以下

12. 锅炉、压力容器、电梯、起重机械、客运索道、大型游乐场设施的安装、改造、维修竣工后,安装、改造、维修的施工单位应该在验收后（　　）天内将有关技术资料移交使用单位。

    A. 7　　　　　　B. 15　　　　　　C. 30　　　　　　D. 35

13. 锅炉、压力容器、电梯、起重机械、客运索道、大型游乐场设施的作业人员及其相关管理人员,应当按照国家有关规定经特种设备安全监督管理部门考核合格,取得国家统一格式的（　　）,方可从事相应的作业或者管理工作。

    A. 特种设备专业资格证　　　　　　　B. 特种设备作业人员证书

    C. 特种设备上岗人员证　　　　　　　D. 其他

14. 锅炉、压力容器、起重机械、客运索道、大型游乐设施的安装、改造、维修,必须由依照（　　）取得许可的单位进行。

    A.《特种设备专业资格证》　　　　　　B.《特种设备作业人员证》

    C.《特种设备安全监察条例》　　　　　D.《特种设备上岗人员证》

15. 锅炉、压力容器、压力管道、电梯、起重机械、客运索道、大型游乐设施、场(厂)内机动车辆等特种设备的作业人员及其相关管理人员统称（　　）。

    A. 技术工作人员　　　　　　　　　　B. 特种设备作业人员

    C. 设备维修人员　　　　　　　　　　D. 设备管理人员

16. 国家鼓励工业企业采用（　　）的电动机、锅炉、窑炉、风机、泵类等设备,采用热电联产、余热余压利用、洁净煤以及先进的用能监测和控制等技术。

    A. 低效节能   B. 高效节能   C. 尽量节能   D. 高功率

17. 国务院办公厅于 2007 年 6 月 1 日发布了《关于严格执行公共建筑空调温度控制标准的通知》，要求所有公共建筑内的单位，包括国家机关、社会团体、企事业组织和个体工商户，除医院等特殊单位以及在生产工艺上对温度有特定要求并经批准的用户之外，夏季室内空调温度设置不得低于（   ）℃；冬季室内空调温度设置不得高于（   ）℃。

    A. 26,20   B. 27,20   C. 26,21   D. 25,20

18. 国务院特种设备安全监督管理部门负责（   ）特种设备的安全监察工作。

    A. 全国   B. 县级以上   C. 县级以下   D. 其他

19. 焊接作业时必须使用（   ）。

    A. 手提电焊机   B. 安全带和安全帽

    C. 电焊面罩、手套、脚套   D. 合格焊条

20. 检验检测人员从事检验检测工作，必须在特种设备检验检测机构执业，但不得同时在（   ）个以上检验检测机构中执业。

    A. 5   B. 4   C. 3   D. 2

21. 建筑能耗是指建筑（   ）的能源消耗，主要包括采暖、空调、热水供应、炊事、照明、家用电器、电梯、通风等方面的能耗。

    A. 建设中   B. 在使用过程中   C. 夏天   D. 冬天

22. 接受委托的特种设备维修保养单位，必须与使用单位签订维修保养合同，并对维修保养的（   ）负责。

    A. 质量和使用安全性   B. 质量和安全技术性能

    C. 安全技术性能和使用安全性   D. 质量和性能要求

23. 节能产品认证是指第（   ）方就产品满足规定的节能要求，给予书面保证的一种活动。

    A. 一   B. 二   C. 三   D. 四

24. 节能灯是指红、绿、蓝三基色荧光灯，是一种绿色照明光源，它与白炽灯相比可节电（   ）。

    A. 60%～70%   B. 70%～90%   C. 60%～80%   D. 70%～80%

25. 节能环保的混合动力电动汽车，采用传统的内燃机和电动机作为动力源，通过混合使用热能和电能两套系统开动汽车，最大的特点是（   ）混合发动机的互补工作模式。

    A. 油、电   B. 气、电   C. 油、气   D. 油、水

26. 节能监测是指依据国家有关节约能源的法规（或行业、地方规定）和能源标准，对用能单位的（   ）所进行的监督检查、测试和评价工作。

    A. 使用情况   B. 浪费情况

    C. 污染情况   D. 能源利用状况

27. 节能减排指的是减少能源浪费和（   ）。

    A. 污染源的处理   B. 降低废气排放

C. 节约能源　　　　　　　　　　　　D. 减少污水排放

28. 金属冶金、机械制造、道路和水上交通运输、建材、电力、船舶修造、危险物品运输、废弃危险物品处置单位,从业人员超过 300 人的,至少配备(　　)名专职安全生产管理人员。

A. 1　　　　　　　B. 2　　　　　　　C. 3　　　　　　　D. 8

29. 考核收费按照(　　)有关规定执行。

A. 考试培训中心　B. 市级质监部门　C. 省级质监部门　D. 国家

30. 考试合格的人员,凭(　　),向发证部门申请办理《特种设备作业人员证》。

A. 考试结果　　　　　　　　　　　　B. 其他相关证明材料
C. 考试结果和其他相关证明材料　　　D. 其他

31. 考试机构应当制订和认真落实特种设备作业人员的考试组织工作的各项规章制度,严格按照(　　)的原则,组织实施特种设备作业人员的考试,确保考试工作质量。

A. 平等、公平、公开　　　　　　　　B. 安全、高效、优质
C. 公开、公正、公平　　　　　　　　D. 便民、公开、高效

32. 考试结束后,考试机构应当在(　　)个工作日内将考试结果告知申请人,并公布成绩。

A. 10　　　　　　B. 15　　　　　　C. 20　　　　　　D. 30

33. 矿山、建筑施工单位和危险物品生产、经营、储存单位,从业人员超过 300 人的,至少配备(　　)名专职安全生产管理人员。

A. 1　　　　　　　B. 2　　　　　　　C. 3　　　　　　　D. 8

34. 矿山、金属冶炼、建筑施工安装、城镇燃气企业每(　　)年进行一次评价。

A. 1　　　　　　　B. 2　　　　　　　C. 3　　　　　　　D. 5

35. 两个以上的生产经营单位在同一作业区域进行生产经营活动,可能危及对方生产安全的,应当签订(　　)。

A. 安全协议　　　　　　　　　　　　B. 安全生产管理协议
C. 生产管理协议　　　　　　　　　　D. 利益冲突协议

36. 没有按照规定履行设计文件审批手续的,或者没有按照规定进行型式试验就投入制造的,责令改正,处责任者(　　)罚款,情节严重的处(　　)罚款,吊销相应资格证件。

A. 1000 元以下,10 000 元以上 30 000 元以下
B. 1000 元以下,10 000 元以上 20 000 元以下
C. 1500 元以下,10 000 元以上 30 000 元以下
D. 1500 元以下,10 000 元以上 20 000 元以下

37. 能效等级中(　　)级表示产品达到国际先进水平、最节电、耗能最低。

A. 1　　　　　　　B. 2　　　　　　　C. 3　　　　　　　D. 4

38. 企业的能源消费统计是指系统地搜集整理计量资料与信息,建立健全能源消耗(　　)、统计、台账和经济核算,如实反映能源活动的过程及其规律的整个工作。

A. 数据记录　　　B. 工作记录　　　C. 原始记录　　　D. 实际记录

39. 强令违章作业、管理混乱、对职工不进行安全教育，无证上岗、违章操作或对事故隐患不进行处理造成事故的，予以警告，并处（　　）罚款。

    A. 1000 元以上 5000 元以下　　　　　B. 10 000 元以上 30 000 元以下

    C. 3000 元以上 5000 元以下　　　　　D. 3000 元以上 10 000 元以下

40. 如果安全带和安全绳已经在（　　）坠落保护中使用过，则不应再次使用，应销毁并更换。

    A. 2 次　　　　　B. 1 次　　　　　C. 3 次　　　　　D. 多次

41. 设备操作人员按规操作，尽量减少（　　）的次数，也是节能的方式之一。

    A. 启、制动　　　B. 起升　　　　　C. 下降　　　　　D. 运行

42. 申请《特种设备作业人员证》的人员，应当首先向发证部门和指定的特种设备作业人员考试机构报名参加（　　）。

    A. 理论培训　　　B. 考试　　　　　C. 培训并考试　　　D. 技术培训

43. 申请《特种设备作业人员证》的人员应达到（　　）周岁以上。

    A. 22　　　　　　B. 20　　　　　　C. 18　　　　　　D. 16

44. 申请人隐瞒有关情况或提供虚假材料申请《特种设备作业人员证》的，不予受理或者不予批准发证，并在（　　）内不得再次申请该证。

    A. 三个月　　　　B. 半年　　　　　C. 一年　　　　　D. 两年

45. 生产经营单位的安全生产委员会由本单位的（　　）和其他相关机构负责人以及工会代表组成。

    A. 主要负责人　　　　　　　　　　　B. 安全生产管理机构

    C. 安全生产管理人员　　　　　　　　D. A、B、C 都是

46. 生产经营单位对重大危险源应当采取的下列措施中不包括（　　）。

    A. 登记建档，对其运行情况进行全程不间断监控

    B. 定期进行检测、检验并根据结果采取相应措施

    C. 定期进行专项安全评估并采取相应改进措施

    D. 制定专项应急救援预案，不需定期进行演练

47. 生产经营单位发生合并、分立、解散、破产等情形时，应当明确（　　）责任，落实（　　）措施。

    A. 安全生产，重大危险源监控　　　　B. 安全管理，重大危险源监控

    C. 安全生产，特大危险源监控　　　　D. 安全管理，特大危险源监控

48. 生产经营单位发生重大生产安全事故时，单位的主要负责人应当立即（　　），并不得在事故调查处理期间擅自离职。

    A. 联系安全监督局　　　　　　　　　B. 组织抢救

    C. 自己先解决，再联系监管部门　　　D. 自己解决

49. 生产经营单位接受劳动派遣，应当为被派遣劳动者提供符合安全生产要求的作业场所和安全防护设施，履行（　　）义务，承担（　　）责任。

    A. 安全生产，安全生产培训　　　　　B. 安全生产，安全生产保障

    C. 安全生产保障，安全生产　　　　　D. 安全生产培训，安全生产

50. 生产经营单位进行爆破、吊装等危险作业,应当安排专门人员进行现场安全管理,确保(　　)。

　　A. 操作规程的遵守

　　B. 操作规程的遵守和安全措施的落实

　　C. 操作规程的遵守和安全设施的落实

　　D. 操作规程的遵守和安全知识的传授

51. 生产经营单位应当全面履行安全生产保障的义务,建立健全安全生产责任制,保证安全生产投入,落实(　　),依法配备安全生产管理人员,保障从业人员安全生产权益。

　　A. 安全生产措施　　　　　　　　B. 安全生产承包制

　　C. 安全生产设施　　　　　　　　D. 安全生产质量

52. 生产经营单位应当为从业人员无偿提供足够数量的、符合国家标准或者行业标准的劳动防护用品,不得以(　　)替代。

　　A. 借贷　　　　　　　　　　　　B. 其他代用物品

　　C. 有价证券　　　　　　　　　　D. 货币或者其他物品

53. 生产经营单位主要负责人、安全生产管理人员的安全生产培训由具有相应资格的(　　)按照国家、省规定的安全培训大纲进行。

　　A. 性能检测培训机构　　　　　　B. 安全生产培训机构

　　C. 技术优化培训机构　　　　　　D. 安全检测培训机构

54. 省级质量技术监督行政部门应当于(　　)之前将所辖区上季度的事故汇总表报国家质量监督检验检疫总局,(　　)之前将所辖区上年度事故汇总表报国家质量监督检验检疫总局。

　　A. 每季度的第一个月的 15 日,每年 1 月 15 日

　　B. 每季度的第一个月的 10 日,每年 1 月 15 日

　　C. 每季度的第一个月的 10 日,每年 1 月 10 日

　　D. 每季度的第一个月的 15 日,每年 1 月 10 日

55. 使用单位向监督检验机构申请验收检验时,应当提供的以下资料中,不包括(　　)。

　　A. 特种设备注册登记表　　　　　B. 特种设备作业人员证

　　C. 试运行记录　　　　　　　　　D. 施工单位自检报告

56. 使用国家明令淘汰的用能设备或者生产工艺的,由管理节能工作的部门责令停止使用,(　　)国家明令淘汰的用能设备;情节严重的,可以由管理节能工作的部门提出意见,报请本级人民政府按照国务院规定的权限责令停业整顿或者关闭。

　　A. 丢弃　　　　B. 改进　　　　C. 修理　　　　D. 没收

57. 使用未经批准自行进行安装、修理、改造、检验的设备,责令改正,属非经营性使用行为的,处(　　)罚款;属经营性使用行为的,处(　　)罚款。

　　A. 1000 元以下,10 000 元以下　　　　B. 1000 元以下,15 000 元以下

　　C. 2000 元以下,10 000 元以下　　　　D. 2000 元以下,15 000 元以下

58. 市、区、县级市人民政府应当建立应急救援体系,制定本行政区域内较大、重大、特别重大生产安全事故应急救援预案,每年至少组织(　　)次应急救援演练。

A. 1　　　　　　　B. 2　　　　　　　C. 3　　　　　　　D. 5

59. 事故报告应当包括事故发生单位、时间、地点、（　　　）、人员伤亡及经济损失及概况。

A. 事故设备名称

B. 事故类别

C. 事故设备名称及事故类别

D. 事故设备名称、事故类型、事故处理的措施

60. 事故调查报告书的批复应当在事故发生之日起（　　　）日内完成。特殊情况，经上一级质量技术监督行政部门批准，批准期限可以延长，但不得超过（　　　）日。

A. 30,90　　　　B. 60,90　　　　C. 60,180　　　　D. 30,180

61. 事故调查过程中，事故调查组可以根据需要委托有能力的单位，进行（　　　）。

A. 技术检验或性能测试　　　　　　B. 技术检验和性能测试

C. 技术检验或技术鉴定　　　　　　D. 技术检验和技术鉴定

62. 事故发生单位及主管部门和当地人民政府应当按照国家有关规定对事故责任人员作出行政处分或行政处罚的决定；构成犯罪的，由（　　　）依法追究刑事责任。

A. 行政部门　　　　　　　　　　　B. 司法机关

C. 使用单位　　　　　　　　　　　D. 当地人民政府

63. 收到注册登记申请的特种设备安全监察机构，必须在（　　　）个工作日内完成查验资料工作。

A. 5　　　　　　　B. 10　　　　　　C. 15　　　　　　D. 30

64. 特大事故，是指造成死亡（　　　）人，或者受伤（　　　）人，或者直接经济损失500万元以上1000万元以下的设备事故。

A. 3～9,50～99　　　　　　　　　　B. 10～29,50～99

C. 3～9,20～49　　　　　　　　　　D. 10～29,20～49

65. 特种机电设备作业人员操作证（　　　）年审。

A. 每年进行一次　　B. 每两年进行一次　C. 不用　　　　　D. 无规定

66. 特种机电设备作业人员经培训考核，成绩不合格者（　　　）。

A. 应重新培训　　　　　　　　　　B. 允许补考一次

C. 允许补考两次　　　　　　　　　D. 允许补考三次

67. 特种设备安全监督管理部门对特种设备生产、使用单位和检验检测机构进行安全监察时，发现有违反条例和安全技术规范的行为或在用的特种设备存在事故隐患的，应当以（　　　）形式发出特种设备安全监察指令。

A. 口头　　　　　　B. 书面　　　　　C. 书面或口头　　　D. 书面和口头

68. 特种设备安全监督管理部门对特种设备生产、使用单位和检验检测机构实施安全监察时，应当有（　　　）名以上特种设备安全监察人员参加，并出示有效的特种设备安全监察人员证件。

A. 1　　　　　　　B. 2　　　　　　　C. 3　　　　　　　D. 4

69. 特种设备安全监督管理部门在办理条例规定的有关行政审批事项时，其受理、审

查、许可、核准的程序必须公开,并应当自受理申请之日起( )天内,作出许可、核准或不予许可、核准的决定;不予许可、核准的,应当书面向申请人说明理由。

  A. 15   B. 30   C. 60   D. 13

  70. 特种设备出厂时,未按照安全技术规范的要求附有设计文件、产品质量合格证明、安装及使用维修说明、监督检验证明等文件的,由( )部门责令改正。

  A. 特种设备安全监督管理   B. 质量管理

  C. 技术管理   D. 性能检验

  71. 特种设备出厂时,应当附有安全技术规范要求的设计文件、( )、安装及使用维修说明、监督检验证明等文件。

  A. 技术方案书   B. 产品质量合格证明

  C. 加工工艺流程表   D. 技术合格证

  72. 特种设备存在严重事故隐患,无改造、维修价值,或者超过安全技术规范规定的使用年限,特种设备使用单位未予以报废,并向原登记的特种设备安全监督管理部门办理注销的,由特种设备安全监督管理部门责令限期改正;逾期未改正的,处( )罚款。

  A. 2 万元以上 10 万元   B. 3 万元以上 10 万元以下

  C. 5 万元以上 20 万元以下 D. 10 万元以上 20 万元以下

  73. 特种设备生产、使用单位应当建立健全( )和岗位安全责任制度。

  A. 特种设备安全管理制度 B. 特种设备生产管理制度

  C. 特种设备使用管理制度 D. 特种设备改造管理制度

  74. 特种设备生产、使用单位应当聘用取得( )的人员从事相关管理和作业工作,并对作业人员进行严格管理。

  A.《特种设备专业资格证》 B.《特种设备作业人员证》

  C.《特种设备检测人员证》 D.《特种设备上岗人员证》

  75. 特种设备使用单位必须制定以岗位责任制为核心的特种设备使用和运营的安全管理制度,并予以严格执行。安全管理制度至少包括( )。

  A. 各种相关人员的职责和操作人员守则

  B. 安全操作规则和常规检查制度

  C. 定期报检制度和技术档案管理制度

  D. A、B、C 都是

  76. 特种设备使用单位对在用特种设备应当至少( )进行一次自行检查,并作出记录。

  A. 每季度   B. 每天   C. 每周   D. 每月

  77. 特种设备使用单位每年至少应当组织( )次特种设备出现意外事故或者发生事故的紧急救援演习,演习情况应当记录备查。

  A. 1   B. 2   C. 3   D. 4

  78. 特种设备使用单位应当按照安全技术规范的定期检验要求,在安全检验合格有效期届满前( )向特种设备检验检测机构提出定期检验要求。

  A. 半个月   B. 1 个月   C. 2 个月   D. 3 个月

79. 特种设备使用单位应当严格执行特种设备（　　）等常规检查制度。
    A. 年检　　　　　　　B. 月检　　　　　　　C. 日检　　　　　　　D. A、B、C 都是

80. 特种设备使用使用单位必须使用有（　　）的特种设备。
    A. 生产许可证　　　　　　　　　　　　B. 安全认可证
    C. 生产许可证和安全认可证　　　　　　D. 生产许可证或安全认可证

81. 特种设备投入使用前或投入使用后 30 天内,未向特种设备安全监督管理部门登记,擅自将其投入使用的,处（　　）的罚款;情节严重的,责令停止使用或停产停业整顿。
    A. 5000 元以上 20 000 元以下　　　　B. 2000 元以上 20 000 元以下
    C. 2000 元以上 30 000 元以下　　　　D. 20 000 元以上 30 000 元以下

82. 特种设备在投入使用前或使用后（　　）日内,特种设备使用单位应当向特种设备安全监察管理部门登记。
    A. 60　　　　　　　　B. 50　　　　　　　　C. 40　　　　　　　　D. 30

83. 特种设备在投入使用前或者投入使用后（　　）日内,特种设备使用单位应当向直辖市或者设区的市的特种设备安全监督管理部门登记。
    A. 10　　　　　　　　B. 40　　　　　　　　C. 20　　　　　　　　D. 30

84. 特种设备作业人员考核发证工作由（　　）质量技术监督部门分级负责,具体分级范围由（　　）质量技术监督部门决定,并在本省范围内公布。
    A. 地方性以上,县级　　　　　　　　B. 县级以上,省级
    C. 省级以上,国家　　　　　　　　　D. 县级以上,县级

85. 特种设备作业人员考核发证工作遵循（　　）原则。
    A. 平等、公平、公开　　　　　　　　B. 安全、高效、优质
    C. 公开、公正、公平　　　　　　　　D. 便民、公开、高效

86. 特种设备作业人员考试和审核发证程序包括:（　　）、考试、领证申请、受理、审核、发证。
    A. 培训　　　　　　　　　　　　　　B. 考试报名
    C. 考试报名及培训　　　　　　　　　D. 培训报名

87. 特种设备作业人员考试机构应当具备相应的场所、设备、师资、监考人员以及（　　）等必要条件和能力,经发证部门批准,方可承担考试工作。
    A. 健全的考试管理制度　　　　　　　B. 完善的考试管理模式
    C. 健全的培训管理制度　　　　　　　D. 完善的培训管理模式

88. 特种设备作业人员在作业过程中发现事故隐患或者其他不安全因素时,应该（　　）现场安全管理人员和单位有关负责人报告。
    A. 三天内　　　　　B. 一天内　　　　　C. 立即　　　　　D. 两天内

89. 特种设备作业人员在作业中应当（　　）执行特种设备的操作规程和安全规章制度。
    A. 选择　　　　　　B. 参照　　　　　　C. 严格　　　　　D. 熟练

90. 通过实施（　　）,鼓励企业节能减排。
    A. 名牌战略　　　　B. 免检制度　　　　C. 绿色环保战略　　D. A、B 都是

91. 危险物品的生产、经营、储存单位以及矿山、建筑施工单位的主要负责人和安全生产管理人员应当参加（　　），并由有关主管部门考核合格后方可任职。

　　A. 安全生产培训　　B. 技术培训　　　　C. 专业知识培训　　D. 实操培训

92. 为方便申请人办理考核发证事项，发证部门可以将受理和发证地点设在（　　），并在报名考试时委托机构对申请人是否符合报考条件进行审查。

　　A. 申请人单位　　　　　　　　　B. 特定的培训机构

　　C. 考试报名地点　　　　　　　　D. 就近的培训场所

93. 维修人员对电梯进行维护修理前，应在轿厢内或入口的明显处挂上（　　）标牌。

　　A. 有人操作，禁止合闸　　　　　B. 检修停用

　　C. 注意安全　　　　　　　　　　D. 保养照常使用

94. 未经核准，擅自从事特种设备安全监察条例所规定的监督检验、定期检验、型式试验等检验检测活动的，由特种设备安全监督管理部门予以取缔，处（　　）罚款。

　　A. 50 000 元以上 100 000 元以下　　　B. 50 000 元以上 200 000 元以下

　　C. 100 000 元以上 200 000 元以下　　D. 100 000 元以上 150 000 元以下

95. 未经许可擅自从事锅炉、压力容器、电梯、起重机械、客运索道、大型游乐设施的维修或日常维修保养的，由特种设备安全监督管理部门予以取缔，处（　　）罚款。

　　A. 10 000 元以上 30 000 元以下　　　B. 10 000 元以上 50 000 元以下

　　C. 30 000 元以上 50 000 元以下　　　D. 50 000 元以上 100 000 元以下

96. 未经许可，擅自从事气瓶充装活动的，由特种设备安全监督管理部门予以取缔，没收违法充装的气瓶，处（　　）罚款。

　　A. 50 000 元以上 100 000 元以下　　　B. 50 000 元以上 200 000 元以下

　　C. 100 000 元以上 200 000 元以下　　D. 100 000 元以上 150 000 元以下

97. 未经许可，擅自从事压力容器设计活动的，由特种设备安全监督管理部门予以取缔，处（　　）罚款。

　　A. 50 000 元以上 100 000 元以下　　　B. 50 000 元以上 200 000 元以下

　　C. 100 000 元以上 200 000 元以下　　D. 200 000 元以上

98. 我国"十一五"期间的环境保护规划指出，到 2010 年，我国主要污染物二氧化硫和化学需氧量的排放总量必须要比 2005 年下降（　　）。

　　A. 10%　　　　　B. 20%　　　　　C. 30%　　　　　D. 40%

99. 我国能效标识制度对于企业参与采用（　　）实施方式。

　　A. 强制性　　　B. 自愿性　　　C. 介绍性　　　D. 推荐性

100. 我国能源资源有限，常规能源资源仅占世界总量的（　　）。人均能源资源占有量远低于世界平均水平。

　　A. 10.7%　　　B. 11.8%　　　C. 11.9%　　　D. 12%

参考答案：

1. A　2. D　3. C　4. C　5. B　6. A　7. A　8. B　9. A　10. B

11. C　12. C　13. B　14. C　15. B　16. B　17. A　18. A　19. C　20. D

21. B　22. B　23. B　24. D　25. A　26. D　27. B　28. B　29. D　30. C

31. C　32. C　33. C　34. C　35. B　36. A　37. A　38. C　39. B　40. B
41. A　42. B　43. C　44. C　45. D　46. D　47. A　48. B　49. C　50. B
51. A　52. D　53. B　54. A　55. B　56. D　57. A　58. A　59. C　60. C
61. C　62. B　63. A　64. B　65. B　66. B　67. B　68. B　69. B　70. A
71. B　72. C　73. A　74. B　75. D　76. D　77. A　78. B　79. D　80. D
81. B　82. D　83. D　84. B　85. D　86. B　87. A　88. C　89. C　90. D
91. A　92. C　93. B　94. B　95. B　96. B　97. B　98. A　99. A
100. A

附录1 电梯使用管理与维护保养规则

SG 特种设备安全技术规范 TSG T5001—2009 中华人民共和国国家质量监督检验检疫总局颁布(2009 年 5 月 8 日)(节选)。

电梯使用管理与维护保养规则

第一章 总 则

第一条 为了规范电梯的使用管理与日常维护保养行为,根据《特种设备安全监察条例》,制定本规则。

第二条 本规则适用于《特种设备安全监察条例》适用范围内电梯的使用管理与日常维护保养工作。

本规则不适用于个人或者单个家庭自用的电梯。

第三条 本规则是对电梯使用管理与日常维护保养(以下简称维保)工作的基本要求,相关单位根据科学技术的发展和实际情况,可以制定高于本规则的工作要求,以保证所维保电梯的安全性能。

……

第三章 日常维护保养

第十四条 维保单位对其维保电梯的安全性能负责。对新承担维保的电梯是否符合安全技术规范要求应当进行确认,维保后的电梯应当符合相应的安全技术规范,并且处于正常的运行状态。

第十五条 维保单位应当履行下列职责

(一) 按照本规则及其有关安全技术规范以及电梯产品安装使用维护说明书的要求,制定维保方案,确保其维保电梯的安全性能;

(二) 制定应急措施和救援预案,每半年至少针对本单位维保的不同类别(类型)电梯进行一次应急演练;

(三) 设立 24h 维保值班电话,保证接到故障通知后及时予以排除,接到电梯困人故障报告后,维修人员及时抵达所维保电梯所在地实施现场救援,直辖市或者设区的市抵达时间不超过 30min,其他地区一般不超过 1h;

(四) 对电梯发生的故障等情况,及时进行详细的记录;

(五) 建立每部电梯的维保记录,并且归入电梯技术档案,档案至少保存 4 年;

(六) 协助使用单位制定电梯的安全管理制度和应急救援预案;

(七) 对承担维保的作业人员进行安全教育与培训,按照特种设备作业人员考核要

求,组织取得具有电梯维修项目的《特种设备作业人员证》,培训和考核记录存档备查;

(八)每年度至少进行1次自行检查,自行检查在特种设备检验检测机构进行定期检验之前进行,自行检查项目根据使用状况情况决定,但是不少于本规则年度维保和电梯定期检验规定的项目及其内容,并且向使用单位出具有自行检查和审核人员的签字、加盖维保单位公章或者其他专用章的自行检查记录或者报告;

(九)安排维保人员配合特种设备检验检测机构进行电梯的定期检验;

(十)在维保过程中,发现事故隐患及时告知电梯使用单位;发现严重事故隐患,及时向当地质量技术监督部门报告。

第十六条　电梯的维保分为半月、季度、半年、年度维保,其维保的基本项目(内容)和达到的要求分别见附件A至附件D。维保单位应当依据各附件的要求,按照安装使用维护说明书的规定,并且根据所保养电梯使用的特点,制订合理的保养计划与方案,对电梯进行清洁、润滑、检查、调整,更换不符合要求的易损件,使电梯达到安全要求,保证电梯能够正常运行。

现场维保时,如果发现电梯存在的问题需要通过增加维保项目(内容)予以解决的,应当相应增加并及时调整维保计划与方案。

如果通过维保或者自行检查,发现电梯仅依靠合同规定的维保已经不能保证安全运行,需要改造、维修或者更换零部件、更新电梯时,应当向使用单位书面提出。

第十七条　维保单位进行电梯维保,应当进行记录。记录至少包括以下内容:

(一)电梯的基本情况和技术参数,包括整机制造、安装、改造、重大维修单位的名称,电梯品种(型式),产品编号,设备代码,电梯原型号或者改造后的型号,电梯基本技术参数(内容见第十八条);

(二)使用单位、使用地点、使用单位的编号;

(三)维保单位、维保日期、维保人员(签字);

(四)电梯维保的项目(内容),进行的维保工作,达到的要求,发生调整、更换易损件等工作时的详细记载。

维保记录应当经使用单位安全管理人员签字确认。

第十八条　维保记录中的电梯基本技术参数主要包括以下内容:

(一)曳引或者强制式驱动乘客电梯、载货电梯(以下分别简称乘客电梯、载货电梯),为驱动方式、额定载重量、额定速度、层站数;

(二)液压电梯,为额定载重量、额定速度、层站数、油缸数量、顶升型式;

(三)杂物电梯,为驱动方式、额定载重量、额定速度、层站数;

(四)自动扶梯和自动人行道,为倾斜角度、额定速度、提升高度、梯级宽度、主机功率、使用区段长度(自动人行道)。

第十九条　维保单位的质量检验(查)人员或者管理人员应当对电梯的维保质量进行不定期检查,并且进行记录。

附件 A　乘客电梯、载货电梯日常维护保养项目(内容)和要求

A1　半月维保项目(内容)和要求

半月维保项目(内容)和要求,如附表1-1所示。

附表 1-1 半月维保项目(内容)和要求

序号	维保项目(内容)	维保基本要求
1	机房、滑轮间环境	清洁,门窗完好、照明正常
2	手动紧急操作装置	齐全,在指定位置
3	曳引机	运行时无异常振动和异常声响
4	制动器各销轴部位	润滑,动作灵活
5	制动器间隙	打开时制动衬与制动轮不应发生摩擦
6	编码器	清洁,安装牢固
7	限速器各销轴部位	润滑,转动灵活;电气开关正常
8	轿顶	清洁,防护栏安全可靠
9	轿顶检修开关、急停开关	工作正常
10	导靴上油杯	吸油毛毡齐全,油量适宜,油杯无泄漏
11	对重块及其压板	对重块无松动,压板紧固
12	井道照明	齐全、正常
13	轿厢照明、风扇、应急照明	工作正常
14	轿厢检修开关、急停开关	工作正常
15	轿内报警装置、对讲系统	工作正常
16	轿内显示、指令按钮	齐全、有效
17	轿门安全装置(安全触板,光幕,光电等)	功能有效
18	轿门门锁电气触点	清洁,触点接触良好,接线可靠
19	轿门运行	开启和关闭工作正常
20	轿厢平层精度	符合标准
21	层站召唤、层楼显示	齐全、有效
22	层门地坎	清洁
23	层门自动关门装置	正常
24	层门门锁自动复位	用层门钥匙打开手动开锁装置释放后,层门门锁能自动复位
25	层门门锁电气触点	清洁,触点接触良好,接线可靠
26	层门锁紧元件啮合长度	不小于 7mm
27	底坑环境	清洁,无渗水、积水,照明正常
28	底坑急停开关	工作正常

A2 季度维保项目(内容)和要求

季度维保项目(内容)和要求除应符合 A1 要求外,还应当符合附表 1-2 的要求。

附表 1-2 季度维保项目(内容)和要求

序号	维保项目(内容)	维保基本要求
1	减速机润滑油	油量适宜,除蜗杆伸出端外均无渗漏
2	制动衬	清洁,磨损量不超过制造单位要求
3	位置脉冲发生器	工作正常
4	选层器动静触点	清洁,无烧蚀
5	曳引轮槽、曳引钢丝绳	清洁,无严重油腻,张力均匀
6	限速器轮槽、限速器钢丝绳	清洁,无严重油腻

序号	维保项目（内容）	维保基本要求
7	靴衬、滚轮	清洁，磨损量不超过制造单位要求
8	验证轿门关闭的电气安全装置	工作正常
9	层门、轿门系统中传动钢丝绳、链条、胶带	按照制造单位要求进行清洁、调整
10	层门门导靴	磨损量不超过制造单位要求
11	消防开关	工作正常，功能有效
12	耗能缓冲器	电气安全装置功能有效，油量适宜，柱塞无锈蚀
13	限速器张紧轮装置和电气安全装置	工作正常

A3　半年维保项目（内容）和要求

半年维保项目（内容）和要求除应符合 A2 的要求外，还应当符合附表 1-3 的要求。

附表 1-3　半年维保项目（内容）和要求

序号	维保项目（内容）	维保基本要求
1	电动机与减速机联轴器螺栓	无松动
2	曳引轮、导向轮轴承部	无异常声，无振动，润滑良好
3	曳引轮槽	磨损量不超过制造单位要求
4	制动器上检测开关	工作正常，制动器动作可靠
5	控制柜内各接线端子	各接线紧固、整齐，线号齐全清晰
6	控制柜各仪表	显示正确
7	井道、对重、轿顶各反绳轮轴承部	无异常声，无振动，润滑良好
8	曳引绳、补偿绳	磨损量、断丝数不超过要求
9	曳引绳绳头组合	螺母无松动
10	限速器钢丝绳	磨损量、断丝数不超过制造单位要求
11	层门、轿门门扇	门扇各相关间隙符合标准
12	对重缓冲距	符合标准
13	补偿链（绳）与轿厢、对重接合处	固定、无松动
14	上下极限开关	工作正常

A4　年度维保项目（内容）和要求

年度维保项目（内容）和要求除应符合 A3 的要求外，还应符合附表 1-4 的要求。

附表 1-4　年度维保项目（内容）和要求

序号	维保项目（内容）	维保基本要求
1	减速机润滑油	按照制造单位要求适时更换，保证油质符合要求
2	控制柜接触器，继电器触点	接触良好
3	制动器铁芯（柱塞）	进行清洁、润滑、检查，磨损量不超过制造单位要求
4	制动器制动弹簧压缩量	符合制造单位要求，保持有足够的制动力
5	导电回路绝缘性能测试	符合标准
6	限速器安全钳联动试验（每 2 年进行一次限速器动作速度校验）	工作正常
7	上行超速保护装置动作试验	工作正常

续表

序号	维保项目(内容)	维保基本要求
8	轿顶、轿厢架、轿门及其附件安装螺栓	紧固
9	轿厢和对重的导轨支架	固定,无松动
10	轿厢和对重的导轨	清洁,压板牢固
11	随行电缆	无损伤
12	层门装置和地坎	无影响正常使用的变形,各安装螺栓紧固
13	轿厢称重装置	准确有效
14	安全钳钳座	固定,无松动
15	轿底各安装螺栓	紧固
16	缓冲器	固定,无松动

注:(1)如果某些电梯没有表中的项目(内容),如有的电梯不含有某种部件,项目(内容)可适当进行调整(下同);

(2)维保项目(内容)和要求中对测试、试验有明确规定的,应当按照规定进行测试、试验,没有明确规定的,一般为检查、调整、清洁和润滑(下同);

(3)维保基本要求,规定为"符合标准"的,有国家标准应当符合国家标准,没有国家标准的应当符合行业标准、企业标准(下同)。

(4)维保基本要求,规定为"制造单位要求"的,按照制造单位的要求,其他没有明确的"要求",应当为安全技术规范、标准或者制造单位等的要求(下同)。

附件 B 液压电梯日常维护保养项目(内容)和要求

B1 半月维保项目(内容)和要求

半月维保项目(内容)和要求,如附表1-5所示。

附表1-5 半月维保项目(内容)和要求

序号	维保项目(内容)	维保基本要求
1	机房环境	清洁,室温符合要求,照明正常
2	机房内手动泵操作装置	齐全,在指定位置
3	油箱	油量、油温正常,无杂质、无漏油现象
4	电动机	运行时无异常振动和异常声
5	阀、泵、消音器、油管、表、接口等部件	无漏油现象
6	编码器	清洁,安装牢固
7	轿顶	清洁,防护栏安全可靠
8	轿顶检修开关、急停开关	工作正常
9	导靴上油杯	吸油毛毡齐全,油量适宜,油杯无泄漏
10	井道照明	齐全,正常
11	限速器各销轴部位	润滑,转动灵活,电气开关正常
12	轿厢照明、风扇、应急照明	工作正常
13	轿厢检修开关、急停开关	工作正常
14	轿内报警装置、对讲系统	正常
15	轿内显示、指令按钮	齐全,有效
16	轿门安全装置(安全触板,光幕、光电等)	功能有效
17	轿门门锁触点	清洁,触点接触良好,接线可靠
18	轿门运行	开启和关闭工作正常
19	轿厢平层精度	符合标准

续表

序号	维保项目（内容）	维保基本要求
20	层站召唤、层楼显示	齐全，有效
21	层门地坎	清洁
22	层门自动关门装置	正常
23	层门门锁自动复位	用层门钥匙打开手动开锁装置释放后，层门门锁能自动复位
24	层门门锁电气触点	清洁，触点接触良好，接线可靠
25	层门锁紧元件啮合长度	不小于7mm
26	底坑	清洁，无渗水、积水，照明正常
27	底坑急停开关	工作正常
28	液压柱塞	无漏油，运行顺畅，柱塞表面光滑
29	井道内液压油管、接口	无漏油

B2 季度维保项目（内容）和要求

季度维保项目（内容）和要求除符合 B1 的要求外，还应当符合附表 1-6 的项目（内容）和要求。

附表 1-6　季度维保项目（内容）和要求

序号	维保项目（内容）	维保基本要求
1	安全溢流阀（在油泵与单向阀之间）	其工作压力不得高于满负荷压力的170%
2	手动下降阀	通过下降阀动作，轿厢能下降；系统压力小于该阀最小操作压力时，手动操作应无效
3	手动泵	通过手动泵动作，轿厢被提升；相连接的溢流阀工作压力不得高于满负荷压力的2.3倍
4	油温监控装置	功能可靠
5	限速器轮槽、限速器钢丝绳	清洁，无严重油腻
6	验证轿门关闭的电气安全装置	工作正常
7	轿厢侧靴衬、滚轮	磨损量不超过制造单位要求
8	柱塞侧靴衬	清洁，磨损量不超过制造单位要求
9	层门、轿门系统中传动钢丝绳、链条、胶带	按照制造单位要求进行清洁、调整
10	层门门导靴	磨损量不超过制造单位要求
11	消防开关	工作正常，功能有效
12	耗能缓冲器	电气安全装置功能有效，油量适宜，柱塞无锈蚀
13	限速器张紧轮装置和电气安全装置	工作正常

B3 半年维保项目（内容）和要求

半年维保项目（内容）和要求除应符合 B2 的要求外，还应符合附表 1-7 的要求。

附表 1-7　半年维保项目（内容）和要求

序号	维保项目（内容）	维保基本要求
1	控制柜内各接线端子	各接线紧固、整齐，线号齐全清晰
2	控制柜	各仪表显示正确
3	导向轮	轴承部无异常声

续表

序号	维保项目(内容)	维保基本要求
4	驱动钢丝绳	磨损量、断丝数未超过要求
5	驱动钢丝绳头组合	螺母无松动
6	限速器钢丝绳	磨损量、断丝数不超过制造单位要求
7	柱塞限位装置	符合要求
8	上下极限开关	工作正常
9	柱塞、消音器放气操作	符合要求

B4 年度维保项目(内容)和要求

年度维保项目(内容)和要求除符合 B3 的要求外,还应符合附表 1-8 的要求。

附表 1-8 年度维保项目(内容)和要求

序号	维保项目(内容)	维保基本要求
1	控制柜接触器,继电器触点	接触良好
2	动力装置各安装螺栓	紧固
3	导电回路绝缘性能测试	符合标准
4	限速器安全钳联动试验	工作正常
5	随行电缆	无损伤
6	层门装置和地坎	无影响正常使用的变形,各安装螺栓紧固
7	轿顶、轿厢架、轿门及附件安装螺栓	紧固
8	轿厢称重装置	准确有效
9	安全钳钳座	固定、无松动
10	轿厢及油缸导轨支架	牢固
11	轿厢及油缸导轨	清洁,压板牢固
12	轿底各安装螺栓	紧固
13	缓冲器	固定,无松动
14	轿厢沉降试验	符合标准

附件 C 杂物电梯日常维护保养项目(内容)和要求

C1 半月维保项目(内容)和要求

半月维保项目(内容)和要求,如附表 1-9 所示。

附表 1-9 半月维保项目(内容)和要求

序号	维保项目(内容)	维保基本要求
1	机房、通道环境	清洁,门窗完好,照明正常
2	手动紧急操作装置	齐全,在指定位置
3	曳引机和电动机	运行时无异常振动和异常声
4	制动器各销轴部位	润滑,动作灵活
5	制动器间隙	打开时制动衬与制动轮不发生摩擦
6	限速器各销轴部位	润滑,转动灵活,电气开关正常
7	轿顶	清洁

序号	维保项目（内容）	维保基本要求
8	急停开关	工作正常
9	导靴上油杯	吸油毛毡齐全，油量适宜，油杯无泄漏
10	对重块及压板	对重块无松动，压板紧固
11	井道照明	齐全，正常
12	轿门门锁触点	清洁，触点接触良好，接线可靠
13	层站召唤、层楼显示	齐全，有效
14	层门地坎	清洁
15	层门门锁自动复位	用层门钥匙打开手动开锁装置释放后，层门门锁能自动复位
16	层门门锁电气触点	清洁，触点接触良好，接线可靠
17	层门锁紧元件啮合长度	不小于5mm
18	层门门导靴	无卡阻，滑动顺畅
19	底坑环境	清洁，无渗水、积水，照明正常
20	底坑急停开关	工作正常

C2 季度维保项目（内容）和要求

季度维保项目（内容）和要求除应符合C1的要求外，还应符合附表1-10的要求。

附表1-10 季度维保项目（内容）和要求

序号	维保项目（内容）	维保基本要求
1	减速机润滑油	油量适宜，除蜗杆伸出端外均无渗漏
2	制动衬	清洁，磨损量不超过制造单位要求
3	曳引轮槽、曳引钢丝绳	清洁，无严重油腻，张力均匀
4	限速器轮槽、限速器钢丝绳	清洁，无严重油腻
5	靴衬	清洁，磨损量不超过制造单位要求
6	层门、轿门系统中传动钢丝绳、链条、胶带	按照制造单位要求进行清洁、调整
7	层门门导靴	磨损量不超过制造单位要求
8	限速器张紧轮装置和电气安全装置	工作正常

C3 半年维保项目（内容）和要求

半年维保项目（内容）和要求除应符合C2的要求外，还应符合附表1-11的要求。

附表1-11 半年维保项目（内容）和要求

序号	维保项目（内容）	维保基本要求
1	电动机与减速机联轴器螺栓	无松动
2	曳引轮、导向轮轴承部	无异常声，无振动，润滑良好
3	制动器上检测开关	工作正常，制动器动作可靠
4	控制柜内各接线端子	各接线紧固、整齐，线号齐全清晰
5	控制柜各仪表	显示正确
6	曳引绳	磨损量、断丝数不超过要求
7	曳引绳绳头组合	螺母无松动
8	限速器钢丝绳	磨损量、断丝数不超过制造单位要求

续表

序号	维保项目（内容）	维保基本要求
9	对重缓冲距	符合标准
10	上下极限开关	工作正常

C4 年度维保项目（内容）和要求

年度维保项目（内容）和要求除应符合 C3 的要求外，还应符合附表 1-12 的要求。

附表 1-12 年度维保项目（内容）和要求

序号	维保项目（内容）	维保基本要求
1	减速机润滑油	按照制造单位要求适时更换，油质符合要求
2	控制柜接触器，继电器触点	接触良好
3	制动器铁芯（柱塞）	分解进行清洁、润滑、检查，磨损量不超过制造单位要求
4	制动器制动弹簧压缩量	符合制造单位要求，保持有足够的制动力
5	导电回路绝缘性能测试	符合标准
6	限速器安全钳联动试验	工作正常
7	轿顶、轿厢架、轿门及附件安装螺栓	紧固
8	轿厢及对重导轨支架	固定、无松动
9	轿厢及对重导轨	清洁，压板牢固
10	随行电缆	无损伤
11	层门装置和地坎	无影响正常使用的变形，各安装螺栓紧固
12	安全钳钳座	固定、无松动
13	轿底各安装螺栓	紧固
14	缓冲器	固定、无松动

附件 D 自动扶梯和自动人行道日常维护保养项目（内容）和要求

D1 半月维保项目（内容）和要求

半月维保项目（内容）和要求，如附表 1-13 所示。

附表 1-13 半月维保项目（内容）和要求

序号	维保项目（内容）	维保基本要求
1	电器部件	清洁，接线有效
2	电子板	信号功能正常
3	杂物和垃圾	清扫，清洁
4	设备运行状况	正常，没有异响和抖动
5	主驱动链	运转正常
6	制动器机械装置	清洁，动作正常
7	制动检测开关	工作正常
8	制动触点	工作正常
9	减速机润滑油	油量适宜，无渗油
10	电动机通风口	清洁
11	检修控制装置	工作正常

续表

序号	维保项目（内容）	维保基本要求
12	自动润滑油罐油位	油位正常，润滑系统工作正常
13	梳齿板开关	工作正常
14	梳齿板照明	照明正常
15	梳齿板梳齿与踏板面齿槽、导向胶带	梳齿板完好无损，梳齿板梳齿与踏板面齿槽、导向胶带啮合正常
16	梯级或者踏板下陷开关	工作正常
17	梯级链张紧开关	位置正确，动作正常
18	梯身上部三角挡板	有效，无破损
19	梯级滚轮和梯级导轨	工作正常
20	梯级、踏板与围裙板	任一侧水平间隙符合标准
21	运行方向显示	工作正常
22	扶手带入口处保护开关	动作灵活可靠，清除入口处垃圾
23	扶手带	表面无毛刺，无机械损伤，出入口处居中，运行无摩擦
24	扶手带运行	速度正常
25	扶手护壁板	牢固可靠
26	上下出入口处的照明	工作正常
27	上下出入口和扶梯之间保护栏杆	牢固可靠
28	出入口安全警示标志	齐全，醒目
29	分离机房、各驱动和转向站	清洁，无杂物
30	自动运行功能	工作正常
31	急停开关	工作正常

D2　季度维保项目（内容）和要求

季度维保项目（内容）和要求除应符合 D1 的要求外，还应符合附表 1-14 的要求。

附表 1-14　季度维保项目（内容）和要求

序号	维保项目（内容）	维保基本要求
1	扶手带的运行速度	相对于梯级、踏板或者胶带的速度允差为 $0\sim+2\%$
2	梯级链张紧装置	工作正常
3	梯级轴衬	润滑有效
4	梯级链润滑	运行工况正常
5	防灌水保护装置	动作可靠（雨季到来之前必须完成）

D3　半年维保项目（内容）和要求

半年维保项目（内容）和要求除应符合 D2 的要求外，还应符合附表 1-15 的要求。

附表 1-15　半年维保项目（内容）和要求

序号	维保项目（内容）	维保基本要求
1	制动衬厚度	不小于制造单位要求
2	主驱动链	清理表面油污，润滑
3	主驱动链链条滑块	清洁，厚度符合标准

续表

序号	维保项目(内容)	维保基本要求
4	空载向下运行制动距离	符合标准
5	制动器机械装置	润滑,工作有效
6	附加制动器	清洁和润滑,功能可靠
7	减速机润滑油	更换,符合制造单位的要求
8	调整梳齿板梳齿与踏板面齿槽的啮合深度和间隙	符合标准
9	扶手带张紧度张紧弹簧负荷长度	符合标准
10	扶手带速度监控器系统	工作正常
11	梯级踏板加热装置	功能正常,温度感应器接线牢固(冬季到来之前必须完成)

D4 年度维保项目(内容)和要求

年度维保项目(内容)和要求除应符合 D3 的要求外,还应符合附表 1-16 的要求。

附表 1-16 年度维保项目(内容)和要求

序号	维保项目(内容)	维保基本要求
1	主接触器	工作可靠
2	主机速度检测功能	功能可靠,清洁感应面,感应间隙符合制造单位要求
3	电缆	无破损,固定牢固
4	扶手带托轮、滑轮群、防静电轮	清洁,无损伤,托轮转动平滑
5	扶手带内侧凸缘处	无损伤,清洁扶手导轨滑动面
6	扶手带断带保护开关	功能正常
7	扶手带导向块和导向轮	清洁,工作正常
8	在进入梳齿板处的梯级与导轮的轴向窜动量	符合标准
9	内外盖板连接	紧密牢固,连接处的凸台、缝隙符合标准
10	围裙板安全开关	测试有效
11	围裙板对接处	紧密平滑
12	电气安全装置	动作可靠
13	设备运行状况	正常,梯级运行平稳,无异常抖动,无异响

附录 2　电梯监督检验和定期检验规则
——曳引与强制驱动电梯

TSG 特种设备安全技术规范(TSG T7001—2009)

中华人民共和国国家质量监督检验检疫总局颁布(节选)

电梯监督检验和定期检验规则——曳引与强制驱动电梯

第一条　为了加强对曳引与强制驱动电梯安装、改造、维修、日常维护保养、使用和检验工作的监督管理,规范曳引与强制驱动电梯安装、改造、重大维修监督检验和定期检验行为,提高检验工作质量,促进曳引与强制驱动电梯运行安全保障工作的有效落实,根据《特种设备安全监察条例》,制定本规则。

第二条　本规则适用于电力驱动的曳引式与强制式电梯(防爆电梯、消防员电梯、杂物电梯除外)的安装、改造、重大维修监督检验和定期检验。

前款所述曳引与强制驱动电梯(以下简称电梯)的生产(含电梯的设计、制造、安装、改造、维修、日常维护保养,下同)和使用单位,以及从事电梯监督检验和定期检验的特种设备检验检测机构,应当遵守本规则规定。

第三条　本规则所称监督检验是指由国家质量监督检验检疫总局(以下简称国家质检总局)核准的特种设备检验检测机构(以下简称检验机构),根据本规则规定,对电梯安装、改造、重大维修过程进行的监督检验(以下简称监督检验);本规则所称定期检验是指检验机构根据本规则规定,对在用电梯定期进行的检验。

监督检验和定期检验(以下统称检验)是对电梯生产和使用单位执行相关法规标准规定、落实安全责任,开展为保证和自主确认电梯安全的相关工作质量情况的查证性检验。电梯生产单位的自检记录或者报告中的结论,是对设备安全状况的综合判定;检验机构出具检验报告中的检验结论,是对电梯生产和使用单位落实相关责任、自主确定设备安全等工作质量的判定。

第四条　如果出现了有关电梯生产和检验的新技术、新材料、新工艺等影响本规则技术指标和要求的特殊情况,国家质检总局可以根据具体情况,提出相应要求。

第五条　实施电梯安装、改造或者重大维修的施工单位(以下简称施工单位)应当在按照规定履行告知后、开始施工前(不包括设备开箱、现场勘测等准备工作),向规定的检验机构申请监督检验;电梯使用单位应当在安全检验标志所标注的下次检验日期届满前1个月,向规定的检验机构申请定期检验。

第六条　施工单位应当按照设计文件和标准的要求,对电梯机房(或者机器设备间)、井道、底坑等涉及电梯施工的土建工程进行检查,对电梯制造质量(包括零部件和安全保护装置等)进行确认,并且做好记录,符合要求后方可以进行电梯施工。

施工单位或者维护保养单位应当按照相关安全技术规范和标准的要求,保证施工或者日常维护保养质量,真实、准确地填写施工或者日常维护保养的相关记录或者报告,对施工或者日常维护保养质量以及提供的相关文件、资料的真实性及其与实物的一致性负责。

第七条　施工单位、维护保养单位和使用单位应当向检验机构提供符合附件A要求的有关文件、资料,安排相关的专业人员配合检验机构实施检验。其中,施工自检报告、日常维护保养年度自行检查记录或者报告还须另行提交复印件备存。

第八条　检验机构应当在施工单位自检合格的基础上实施监督检验,在维护保养单位自检合格的基础上实施定期检验。实施监督检验和定期检验,应当遵守以下规定:

(一)对于电梯安装过程,按照附件A规定的检验内容、要求和方法,对附件B所列项目进行检验;

(二)对于电梯改造和重大维修过程,按照附件A规定的检验内容、要求和方法,对改造和重大维修涉及的相关项目及其内容进行检验,其他项目按照本条第(三)项的规定进行检验;

(三)对于在用电梯,按照附件A规定的检验内容、要求和方法,对附件C所列项目每年进行1次定期检验;

(四)对于在1个检验周期内特种设备安全监察机构接到故障实名举报达到3次以上(含3次)的电梯,并且经确认上述故障的存在影响电梯运行安全时,特种设备安全监察机构可以要求提前进行维护保养单位的年度自行检查和定期检验;

(五)对于由于发生自然灾害或者设备事故而使其安全技术性能受到影响的电梯以及停止使用1年以上的电梯,再次使用前,应当按照本条第(三)项的规定进行检验。但如果对电梯实施改造或者重大维修,应当按照本条第(二)项的规定进行检验。

第九条　电梯检验项目分为A、B、C三个类别。各类别检验程序如下:

(一)A类项目,检验机构按照附件A的相应规定,对提供的文件、资料进行审查,对该类项目进行检验,并与自检记录或者报告对应项目的检验结果(以下简称自检结果)进行对比,按照第二十条的规定对项目的检验结论做出判定;不经检验机构审查、检验,或者审查、检验结论为不合格,施工单位不得进行下道工序的施工。

(二)B类项目,检验机构按照附件A的相应规定,对提供的文件、资料进行审查,对该类项目进行检验,并与自检结果进行对比,按照第二十条的规定对项目的检验结论做出判定。

(三)C类项目,检验机构按照附件A的相应规定,对提供的文件、资料进行审查,认为自检记录或者报告等文件和资料完整、有效,对自检结果无质疑(以下简称资料审查无质疑),可以确认为合格;如果文件和资料欠缺、无效或者对自检结果有质疑(以下简称资料审查有质疑),应当按照附件A规定的检验方法,对该类项目进行检验,并与自检结果进行对比,按照第二十条的规定对项目的检验结论做出判定。

各检验项目的类别见附件 A、附件 B、附件 C,具体的检验方法见附件 A。

第十条 检验机构应当根据本规则规定,制定包括检验程序和检验流程图在内的电梯检验作业指导文件,并且按照相关法规、本规则和检验作业指导文件的规定,对电梯检验质量实施严格控制,对检验结果及检验结论的正确性负责,对检验工作质量负责。

第十一条 检验机构应当统一制定电梯检验原始记录格式及其要求,在本单位正式发布使用。原始记录内容应当不少于相应检验报告(见附件 B、附件 C)规定的内容。必要时,相关项目应当另列表格或者附图,以便数据的记录和整理。

第十二条 检验机构应当配备能够满足本规则附件 A 所述检验要求和方法的检验检测仪器设备、计量器具和工具。

第十三条 检验人员必须按照国家有关特种设备检验人员资格考核的规定,取得国家质检总局颁发的相应资格证书后,方可以从事批准项目的电梯检验工作。现场检验至少由 2 名具有电梯检验员或者以上资格的人员进行,检验人员应当向申请检验的电梯施工或者使用单位(以下简称受检单位)出示检验资格标识。现场检验时,检验人员不得进行电梯的修理、调整等工作。

第十四条 现场检验时,检验人员应当配备和穿戴必需的防护用品,并且遵守施工现场或者使用单位明示的安全管理规定。

第十五条 对电梯整机进行检验时,检验现场应当具备以下检验条件:

(一)机房或者机器设备间的空气温度保持在 5～40℃;

(二)电网输入正常,电压波动在额定电压值±7%的范围内;

(三)环境空气中没有腐蚀性和易燃性气体及导电尘埃;

(四)检验现场(主要指机房或者机器设备间、井道、轿顶、底坑)清洁,没有与电梯工作无关的物品和设备,基站、相关层站等检验现场放置表明正在进行检验的警示牌;

(五)对井道进行了必要的封闭。

特殊情况下,电梯设计文件对温度、湿度、电压、环境空气条件等进行了专门规定的,检验现场的温度、湿度、电压、环境空气条件等应当符合电梯设计文件的规定。

对于不具备现场检验条件的电梯,或者继续检验可能造成危险,检验人员可以中止检验,但必须向受检单位书面说明原因。

第十六条 检验过程中,检验人员应当认真审查相关文件、资料,将检验情况如实记录在原始记录上(包括已审查文件、资料的名称及编号),不得漏检、漏记。可以使用统一规定的简单标记,表明"符合""不符合""合格""不合格""无此项"等;要求测试数据的项目(即附件 A 所述检验方法中要求测试数据的项目,下同)必须填写实测数据;未要求测试数据但有需要说明情况的项目,应当用简单的文字予以说明,例如"×楼层门锁失效";遇特殊情况,可以填写"因……(原因)未检""待检""见附页"等。

原始记录应当注明现场检验日期,有执行本次检验的检验人员签字,并且有其中一名检验人员的校核签字。

检验机构应当长期保存监督检验原始记录和施工自检报告。对于定期检验原始记录和日常维护保养年度自行检查记录或者报告,检验机构应当至少保存 2 个检验周期。

第十七条　检验过程中,如果发现下列情况,检验机构应当在现场检验结束时,向受检单位或维护保养单位出具《特种设备检验意见通知书》(见附件 D,以下简称《通知书》),提出整改要求:

(一)施工或者维护保养单位的施工过程记录或者日常维护保养记录不完整;

(二)电梯存在不合格项目;

(三)要求测试数据项目的检验结果与自检结果存在多处较大偏差,质疑相应单位自检能力时;

(四)使用单位存在不符合电梯相关法规、规章、安全技术规范的问题。

定期检验时,对于存在不合格项目但不属于按照本规则第二十条规定直接判定为不合格的电梯,《通知书》中应当要求使用单位在整改完成前及时采取安全措施,对该电梯进行监护使用。

受检单位或者维护保养单位应当按照《通知书》的要求及时整改,并且在规定的时限内向检验机构提交填写了处理结果的《通知书》以及整改报告等见证资料。

检验人员应当对整改情况进行确认,可以根据情况采取现场验证或者查看受检单位提供的整改报告等见证资料的方式,确认其是否符合要求。

对于定期检验的电梯,如果使用单位拟实施改造或重大维修进行整改,或者拟做停用、报废处理,则应当在《通知书》上签署相应的意见,并且在规定的时限内反馈给检验机构,同时按照相关规定,办理对应的相关手续。

第十八条　检验工作(包括第十七条规定的对整改情况的确认)完成后,或者达到《通知书》提出时限而受检单位未反馈整改报告等见证材料的,检验机构必须在 10 个工作日内出具检验报告。检验结论为"合格"的,还应当同时出具安全检验标志。

检验报告的内容、格式应当符合本规则的规定(见附件 B、附件 C),结论页必须有检验、审核、批准人员的签字和检验机构检验专用章或者公章。

检验机构、施工和使用单位应当长期保存监督检验报告。对于定期检验报告,检验机构和使用单位应当至少保存 2 个检验周期。

第十九条　检验报告中,检验项目的"检验结果"和"检验结论"应当按照如下要求进行填写:

(一)对于要求测试数据的项目,在"检验结果"栏中填写实测或者计算处理后的数据。

(二)对于未要求测试数据的项目,如果经检验符合要求,在"检验结果"栏中填写"符合";如果经检验不符合要求,填写"不符合"。

(三)对于 C 类项目,如果资料审查无质疑,在"检验结果"栏中填写"资料确认符合";如果资料审查有质疑,并且进行了现场检验,分别按照本条第(一)项或者第(二)项要求填写相应内容。

(四)对于需要说明情况的项目,在"检验结果"栏中做简要说明,难以表述清楚的,在检验报告中另加附页描述，"检验结果"栏中填写"见附页××"。

（五）对于不适用的项目，在"检验结果"栏中填写"无此项"。

（六）"检验结论"栏只填写"合格""不合格""—"（表示无此项）等单项结论。

第二十条　各类检验项目的合格判定条件如下：

（一）A、B类检验项目，审查、检验结果符合附件A中的检验要求；

（二）C类检验项目，资料审查无质疑并且符合附件A中的检验要求，或者审查、检验结果符合附件A中的检验要求。

第二十一条　监督检验和定期检验的合格判定条件如下：

（一）安装监督检验，检验项目全部合格，并且经检验人员确认相关单位已经针对第十七条第（一）、（三）、（四）项所述问题进行了有效整改；

（二）改造或者重大维修监督检验，检验项目全部合格，或者改造和重大维修涉及的相关检验项目全部合格，对于按照定期检验规定进行的项目，除了上次定期检验后使用单位采取安全措施进行监护使用的C类项目之外（使用单位继续对这些项目采取安全措施，在《通知书》上签署了监护使用的意见），其他项目全部合格，并且经检验人员确认相关单位已经针对第十七条第（一）、（三）、（四）项所述问题进行了有效整改；

（三）定期检验，检验项目全部合格，或者B类检验项目全部合格，C类检验项目应整改项目不超过5项（含5项），相关单位已在《通知书》规定的时限内向检验机构提交了整改报告等见证资料，使用单位已经对上述应整改项目采取了相应的安全措施，在《通知书》上签署了监护使用的意见，并且经检验人员确认相关单位已经针对第十七条第（一）、（三）、（四）项所述问题进行了有效整改。

第二十二条　经检验，凡不符合本规则第二十一条规定的合格判定条件的电梯，应当判定为"不合格"，检验机构应当按照第十八条规定的时限等要求出具检验报告。对于检验结论为不合格的电梯，受检单位组织相应整改或者修理后可以申请复检。

第二十三条　检验报告只允许使用"合格""不合格""复检合格""复检不合格"四种检验结论。

第二十四条　对于判定为"不合格"或者"复检不合格"的电梯、未执行《通知书》提出的整改要求并且已经超过安全检验标志所标注的下次检验日期的电梯，检验机构应当将检验结果、检验结论及有关情况报告负责设备使用登记的特种设备安全监察机构；对于定期检验判定为不合格的电梯，检验机构还应当建议使用单位立即停止使用。特种设备安全监察机构应当根据情况，及时采取安全监察措施。

第二十五条　本规则由国家质检总局负责解释。

第二十六条　本规则自2010年4月1日起施行，2002年1月9日国家质检总局发布的《电梯监督检验规程》（国质检〔2002〕1号）同时废止。

附件 A　曳引与强制驱动电梯监督检验和定期检验内容、要求与方法（见附表 2-1）

附表 2-1　曳引与强制驱动电梯监督检验和定期检验内容、要求与方法

项目及类别		检验内容与要求	检验方法
1 技术资料	1.1 制造资料 A	电梯制造单位提供了以下用中文描述的出厂随机文件： (1) 制造许可证明文件，其范围能够覆盖所提供电梯的规格型号（试生产样机除外）； (2) 电梯整机型式试验合格证书或者报告书，其内容能够覆盖所提供的电梯（试生产样机除外）； (3) 产品质量证明文件，注有制造许可证明文件编号、该电梯的产品出厂编号、主要技术参数，以及门锁装置、限速器、安全钳、缓冲器、含有电子元件的安全电路（如果有）、轿厢上行超速保护装置、驱动主机、控制柜等安全保护装置和主要部件的型号和编号等内容，并且有电梯整机制造单位的公章或者检验合格章以及出厂日期； (4) 门锁装置、限速器、安全钳、缓冲器、含有电子元件的安全电路（如果有）、轿厢上行超速保护装置、驱动主机、控制柜等安全保护装置和主要部件的型式试验合格证，以及限速器和渐进式安全钳的调试证书； (5) 机房或者机器设备间及井道布置图，其顶层高度、底坑深度、楼层间距、井道内防护、安全距离、井道下方人可以进入的空间等满足安全要求； (6) 电气原理图，包括动力电路和连接电气安全装置的电路； (7) 安装使用维护说明书，包括安装、使用、日常维护保养和应急救援等方面操作说明的内容。 注：上述文件如为复印件则必须经电梯整机制造单位加盖公章或者检验合格章；对于进口电梯，则应当加盖国内代理商的公章	电梯安装施工前审查相应资料
	1.2 安装资料 A	安装单位提供了以下安装资料： (1) 安装许可证和安装告知书，许可证范围能够覆盖所施工电梯的规格型号； (2) 施工方案，审批手续齐全； (3) 施工现场作业人员持有的特种设备作业人员证； (4) 施工过程记录和自检报告，检查和试验项目齐全、内容完整，施工和验收手续齐全； (5) 变更设计证明文件（如安装中变更设计时），履行了由使用单位提出、经整机制造单位同意的程序； (6) 安装质量证明文件，包括电梯安装合同编号、安装单位安装许可证编号、产品出厂编号、主要技术参数等内容，并且有安装单位公章或者检验合格章以及竣工日期。 注：上述文件如为复印件则必须经安装单位加盖公章或者检验合格章	审查相应资料。第(1)～(3)项在报检时审查，第(3)项在其他项目检验时还应查验；第(4)、(5)项在试验时查验；第(6)项在竣工后审查

项目及类别		检验内容与要求	检验方法
1 **技术资料**	**1.3** **改造、重大** **维修资料** **A**	改造或者重大维修单位提供了以下改造或者重大维修资料： (1) 改造或者维修许可证和改造或者重大维修告知书，许可证范围能够覆盖所施工电梯的规格型号； (2) 改造或者重大维修的清单以及施工方案，施工方案的审批手续齐全； (3) 所更换的安全保护装置或者主要部件产品合格证、型式试验合格证书以及限速器和渐进式安全钳的调试证书（如发生更换）； (4) 施工现场作业人员持有的特种设备作业人员证； (5) 施工过程记录和自检报告，检查和试验项目齐全、内容完整，施工和验收手续齐全； (6) 改造后的整梯合格证或者重大维修质量证明文件，合格证或者证明文件中包括电梯的改造或者重大维修合同编号、改造或者重大维修单位的资格证编号、电梯使用登记编号、主要技术参数等内容，并且有改造或者重大维修单位的公章或者检验合格章以及竣工日期 注：上述文件如为复印件则必须经改造或者重大维修单位加盖公章或者检验合格章	审查相应资料。第(1)～(4)项在报检时审查，第(4)项在其他项目检验时还应查验；第(5)项在试验时查验；第(6)项在竣工后审查
	1.4 **使用资料** **B**	使用单位提供了以下资料： (1) 使用登记资料，内容与实物相符； (2) 安全技术档案，至少包括1.1、1.2、1.3所述文件资料(1.2的(3)项和1.3的(4)项除外)，以及监督检验报告、定期检验报告、日常检查与使用状况记录、日常维护保养记录、年度自行检查记录或者报告、应急救援演习记录、运行故障和事故记录等，保存完好(本规则实施前已经完成安装、改造或重大维修的，1.1、1.2、1.3项所述文件资料如有缺陷，应当由使用单位联系相关单位予以完善，可不作为本项审核结论的否决内容)； (3) 以岗位责任制为核心的电梯运行管理规章制度，包括事故与故障的应急措施和救援预案、电梯钥匙使用管理制度等； (4) 与取得相应资格单位签订的日常维护保养合同； (5) 按照规定配备的电梯安全管理和作业人员的特种设备作业人员证	定期检验和改造、重大维修过程的监督检验时查验；新安装电梯的监督检验进行试验时查验(3)、(4)、(5)项，以及(2)项中所需记录表格制定情况(如试验时使用单位尚未确定，应当由安装单位提供(2)、(3)、(4)项查验内容范本，(5)项相应要求交接备忘录)

续表

项目及类别		检验内容与要求	检验方法
2 机房 (机器设备 间)及 相关设备	2.1 机房通道 与通道门 C	(1) 应当在任何情况下均能够安全方便地使用通道。采用梯子作为通道时,必须符合以下条件: ① 通往机房或者机器设备区间的通道不应当高出楼梯所到平面4m; ② 梯子必须固定在通道上而不能被移动; ③ 梯子高度超过1.50m时,其与水平方向的夹角应当在65°～75°,并不易滑动或者翻转; ④ 靠近梯子顶端应当设置把手。 (2) 通道应当设置永久性电气照明; (3) 机房通道门的宽度应当不小于0.60m,高度应当不小于1.80m,并且门不得向房内开启。门应当装带钥匙的锁,并且可以从机房内不用钥匙打开。门外侧应当标明"机房重地,闲人免进",或者有其他类似警示标志	审查自检结果,如对其有质疑,按照以下方法进行现场检验(以下C类项目只描述现场检验方法): 目测或者测量相关数据
	2.2 机房 (机器 设备) 专用C	机房(机器设备间)应当专用,不得用于电梯以外的其他用途	目测
	2.3 安全空间 C	(1) 在控制屏和控制柜前有一块净空面积,其深度不小于0.70m,宽度为0.50m或屏、柜的全宽(两者中的大值),高度不小于2m; (2) 对运动部件进行维修和检查以及人工紧急操作的地方应有一块不小于0.50m×0.60m的水平净空面积,其净高度不小于2m; (3) 机房地面高度不一并且相差大于0.50m时,应当设置楼梯或者台阶,并且设置护栏	目测或者测量相关数据
	2.4 地面开口 C	机房地面上的开口应当尽可能小,位于井道上方的开口必须采用圈框,此圈框应当凸出地面至少50mm	目测或者测量相关数据
	2.5 照明 与插座 C	(1) 机房应当设置永久性电气照明;在机房内靠近入口(或多个入口)处的适当高度应当设有一个开关,控制机房照明; (2) 机房应当至少设置一个2P+PE型电源插座; (3) 应当在主开关旁设置控制井道照明、轿厢照明和插座电路电源的开关	目测,操作验证各开关的功能

续表

项 目 及 类 别		检 验 内 容 与 要 求	检 验 方 法
2 机房（机器设备间）及相关设备	2.6 断错相保护 C	每台电梯应当具有断相、错相保护功能；电梯运行与相序无关时，可以不装设错相保护装置	(1) 断开主开关，在其输出端，分别断开三相交流电源的任意一根导线后，闭合主开关，检查电梯能否启动； (2) 断开主开关，在其输出端，调换三相交流电源的两根导线的相互位置后，闭合主开关，检查电梯能否启动
	2.7 主开关 B	(1) 每台电梯应当单独装设主开关，主开关应当易于接近和操作；无机房电梯主开关的设置还应当符合以下要求： ① 如果控制柜不是安装在井道内，主开关应当安装在控制柜内，如果控制柜安装在井道内，主开关应当设置在紧急操作屏上； ② 如果从控制柜处不容易直接操作主开关，该控制柜应当设置能分断主电源的断路器； ③ 在电梯驱动主机附近1m之内，应当有可以接近的主开关或者符合要求的停止装置，且能够方便地进行操作。 (2) 主开关不得切断轿厢照明和通风、机房（机器设备间）照明和电源插座、轿顶与底坑的电源插座、电梯井道照明、报警装置的供电电路； (3) 主开关应当具有稳定的断开和闭合位置，并且在断开位置时能用挂锁或其他等效装置锁住，能够有效防止误操作； (4) 如果不同电梯的部件共用一个机房，则每台电梯的主开关应当与驱动主机、控制柜、限速器等采用相同的标志	目测主开关的设置；断开主开关，观察、检查照明、插座、通风和报警装置的供电电路是否被切断
	2.8 驱动主机 B	(1) 驱动主机工作时应当无异常噪声和振动； (2) 曳引轮外侧面应当涂成黄色； (3) 曳引轮轮槽不得有严重磨损（适用于改造、维修监督检验和定期检验），如果轮槽的磨损可能影响曳引能力时，应当进行曳引能力验证试验	目测；认为轮槽的磨损可能影响曳引能力时，进行8.11项试验，对于轿厢面积超过规定的载货电梯还需进行8.12项试验，综合8.6、8.10、8.11、8.12项试验结果验证轮槽磨损是否影响曳引能力

续表

项目及类别		检验内容与要求	检验方法
2 机房 (机器设备 间)及 相关设备	2.9 制动装置 C	(1) 所有参与向制动轮或盘施加制动力的制动器机械部件应当分两组装设; (2) 电梯正常运行时,切断制动器电流至少应当用两个独立的电气装置来实现,当电梯停止时,如果其中一个接触器的主触点打不开,最迟到下一次运行方向改变时,应当防止电梯再运行	(1) 对照型式试验报告,查验制动器; (2) 根据电气原理图和实物状况,结合模拟操作检查制动器的电气控制
	2.10 紧急操作 B	(1) 手动紧急操作装置应当符合以下要求: ① 对于可拆卸盘车手轮,设有一个电气安全装置,最迟在盘车手轮装上电梯驱动主机时动作; ② 松闸扳手涂成红色,盘车手轮是无辐条的并且涂成黄色,可拆卸盘车手轮放置在机房内容易接近的明显部位; ③ 在电梯驱动主机上接近盘车手轮处,明显标出轿厢运行方向,如果手轮是不能拆卸的可以在手轮上标出; ④ 能够通过操纵手动松闸装置松开制动器,并且需要以一持续力保持其松开状态; ⑤ 进行手动紧急操作时,易于观察到轿厢是否在开锁区	目测;通过模拟操作检查电气安全装置和手动松闸功能
		(2) 紧急电动运行装置应当符合以下要求: ① 依靠持续按压按钮来控制轿厢运行,此按钮有防止误操作的保护,按钮上或其近旁标出相应的运行方向; ② 一旦进入检修运行,紧急电动运行装置控制轿厢运行的功能由检修控制装置所取代; ③ 进行紧急电动运行操作时,易于观察到轿厢是否在开锁区	目测;通过模拟操作检查紧急电动运行装置功能
		(3) 应急救援程序:在机房内应当设有清晰的应急救援程序	目测
	2.11 限速器 B	(1) 限速器上应当设有铭牌,标明制造单位名称、型号、规格参数和型式试验机构标识,铭牌和型式试验合格证、调试证书内容应当相符; (2) 限速器或者其他装置上应当设有在轿厢上行或者下行速度达到限速器动作速度之前动作的电气安全装置,以及验证限速器复位状态的电气安全装置; (3) 使用周期达到2年的电梯,或者限速器动作出现异常、限速器各调节部位封记损坏的电梯,应当由经许可的电梯检验机构或者电梯生产单位对限速器进行动作速度校验,并且由该单位出具校验报告	(1) 对照检查限速器型式试验合格证、调试证书、铭牌; (2) 目测电气安全装置的设置; (3) 审查限速器动作速度核验报告,对照限速器铭牌上的相关参数,判断动作速度是否符合要求

续表

项目及类别		检验内容与要求	检验方法
2 机房 （机器设备 间）及 相关设备	2.12 接地 C	(1) 供电电源自进入机房或者机器设备间起，中性线 (N)与保护线(PE)应当始终分开； (2) 所有电气设备及线管、线槽的外露可以导电部分 应当与保护线(PE)可靠连接	目测，必要时测量 验证
	2.13 电气绝缘 C	动力电路、照明电路和电气安全装置电路的绝缘电阻 应当符合下述要求： 标称电压/V ・ 测试电压(直流)/V ・ 绝缘电阻/MΩ 安全电压 ・ 250 ・ ≥0.25 ≤500 ・ 500 ・ ≥0.50 >500 ・ 1000 ・ ≥1.00	由施工或者维护保 养单位测量，检验人 员现场观察、确认
	2.14 轿厢上行 超速保护 装置 B	轿厢上行超速保护装置上应当设有铭牌，标明制造单 位名称、型号、规格参数和型式试验机构标识，铭牌和 型式试验合格证内容应当相符；电梯整机制造单位应 当在控制屏或者紧急操作屏上标注轿厢上行超速保 护装置的动作试验方法	对照检查上行超速 保护装置型式试验 合格证和铭牌；目测 动作试验方法的标 注情况
3 井道及 相关设备	3.1 井道封闭 C	除必要的开口外井道应当完全封闭；当建筑物中不要 求井道在火灾情况下具有防止火焰蔓延的功能时，允 许采用部分封闭井道，但在人员可正常接近电梯处应 当设置无孔且高度足够的围壁，以防止人员遭受电梯 运动部件直接危害，或者用手持物体触及井道中的电 梯设备	目测
	3.2 曳引驱动 电梯顶部 空间 C	(1) 当对重完全压在缓冲器上时，应当同时满足以下 条件： ① 轿厢导轨提供不小于 $0.1+0.035v^2$(m)的进一步 制导行程； ② 轿顶可以站人的最高面积的水平面与位于轿厢投 影部分井道顶最低部件的水平面之间的自由垂直距 离不小于 $1.0+0.035v^2$(m)； ③ 井道顶的最低部件与轿顶设备的最高部件之间的 间距(不包括导靴、钢丝绳附件等)不小于 $0.3+$ $0.035v^2$(m)，与导靴或滚轮、曳引绳附件、垂直滑动门 的横梁或部件的最高部分之间的间距不小于 $0.1+$ $0.035v^2$(m)； ④ 轿顶上方应当有一个不小于 0.5m×0.6m×0.8m 的空间(任意平面朝下即可)。 注 A-4：当采用减行程缓冲器并对电梯驱动主机正常 减速进行有效监控时，$0.035v^2$ 可以用下值代替： ① 电梯额定速度不大于 4m/s 时，可以减少到 1/2，但 是不小于 0.25m ② 电梯额定速度大于 4m/s 时，可以减少到 1/3，但是 不小于 0.28m (2) 当轿厢完全压在缓冲器上时，对重导轨有不小于 $0.1+0.035v^2$(m)的制导行程	(1) 测量轿厢在上端 站平层位置时的相 应数据，计算确认是 否满足要求； (2) 用痕迹法或其他 有效方法检验对重 导轨的制导行程

续表

项目及类别		检验内容与要求	检验方法
3 井道及 相关设备	3.3 强制驱动 电梯顶部 空间 C	(1) 轿厢从顶层向上直到撞击上缓冲器时的行程不小于 0.50m,轿厢上行至缓冲器行程的极限位置时一直处于有导向状态; (2) 当轿厢完全压在上缓冲器上时,应当同时满足以下条件: ① 轿顶可以站人的最高面积的水平面与位于轿厢投影部分井道顶最低部件的水平面之间的自由垂直距离不小于 1.0m; ② 井道顶部最低部件与轿顶设备的最高部件之间的自由垂直距离不小于 0.30m,与导靴或滚轮、钢丝绳附件、垂直滑动门横梁等的自由垂直距离不小于 0.10m; ③ 轿厢顶部上方有一个不小于 0.50m×0.60m×0.80m 的空间(任意平面朝下均可)。 (3) 当轿厢完全压在缓冲器上时,平衡重(如果有)导轨的长度能提供不小于 0.30m 的进一步制导行程	(1) 测量轿厢在上端站平层位置时的相应数据,计算确认是否满足要求; (2) 用痕迹法或其他有效方法检验平衡重导轨的制导行程
	3.4 井道 安全门 C	(1) 当相邻两层门地坎的间距大于 11m 时,其间应当设置高度不小于 1.80m、宽度不小于 0.35m 的井道安全门(使用轿厢安全门时除外); (2) 不得向井道内开启; (3) 门上应当装设用钥匙开启的锁,当门开启后不用钥匙能够将其关闭和锁住,在门锁住后,不用钥匙能够从井道内将门打开; (4) 应当设置电气安全装置以验证门的关闭状态	(1) 测量相关数据; (2) 打开、关闭安全门,检查门的启闭和电梯启动情况
	3.5 井道 检修门 C	(1) 高度不小于 1.40m,宽度不小于 0.60m; (2) 不得向井道内开启; (3) 应当装设用钥匙开启的锁,当门开启后不用钥匙能够将其关闭和锁住,在门锁住后,不用钥匙也能够从井道内将门打开; (4) 应当设置电气安全装置以验证门的关闭状态	(1) 测量相关数据; (2) 打开、关闭安全门,检查门启闭和电梯启动情况
	3.6 导轨 C	(1) 每根导轨至少应当有 2 个导轨支架,其间距一般不大于 2.50m(如果间距大于 2.50m 应当有计算依据),端部短导轨的支架数量应满足设计要求; (2) 支架应当安装牢固,焊接支架的焊缝满足设计要求,锚栓(如膨胀螺栓)固定只能在井道壁的混凝土构件上使用; (3) 每列导轨工作面每 5m 铅垂线测量值间的相对最大偏差,轿厢导轨和设有安全钳的 T 型对重导轨不大于 1.2mm,不设安全钳的 T 型对重导轨不大于 2.0mm; (4) 两列导轨顶面的距离偏差,轿厢导轨为 0～+2mm,对重导轨为 0～+3mm	目测或者测量相关数据

项目及类别	检验内容与要求	检验方法
3.7 轿厢与 井道壁 距离 B	轿厢与面对轿厢入口的井道壁的间距不大于0.15m，对于局部高度小于0.50m或者采用垂直滑动门的载货电梯，该间距可以增加到0.20m。 如果轿厢装有机械锁紧的门并且门只能在开锁区内打开时，则上述间距不受限制	测量相关数据；观察轿厢门锁设置情况
3.8 层门地坎 下端的 井道壁 C	每个层门地坎下的井道壁应当符合以下要求：形成一个与层门地坎直接连接的连续垂直表面，由光滑且坚硬的材料构成（如金属薄板）；其高度不小于开锁区域的一半加上50mm，宽度不小于门入口的净宽度两边各加25mm	目测或者测量相关数据
3.9 井道内 防护 C	（1）对重（或者平衡重）的运行区域应当采用刚性隔障保护，该隔障从底坑地面上不大于0.30m处，向上延伸到离底坑地面至少2.5m的高度，宽度应当至少等于对重（或者平衡重）宽度两边各加0.10m； （2）在装有多台电梯的井道中，不同电梯的运动部件之间应当设置隔障，隔障应当至少从轿厢、对重（或平衡重）行程的最低点延伸到最低层站楼面以上2.50m高度，并且有足够的宽度以防止人员从一个底坑通往另一个底坑。如果轿厢顶部边缘和相邻电梯的运动部件之间的水平距离小于0.5m，隔障应当贯穿整个井道，宽度至少等于运动部件或者运动部件需要保护部分的宽度每边各加0.10m	目测或者测量相关数据
3.10 极限开关 B	井道上下两端应当装设极限开关，该开关在轿厢或者对重（如有）接触缓冲器前起作用，并且在缓冲器被压缩期间保持其动作状态。 强制驱动电梯的极限开关动作后，应当以强制的机械方法直接切断驱动主机和制动器的供电回路	（1）将上行（下行）限位开关（如果有）短接，以检修速度使位于顶层（底层）端站的轿厢向上（向下）运行，检查井道上端（下端）极限开关动作情况； （2）短接上下两端极限开关和限位开关（如果有），以检修速度提升（下降）轿厢，使对重（轿厢）完全压在缓冲器上，检查极限开关动作状态； （3）目测判断强制驱动电梯极限开关切断供电的方式

（表左侧跨行合并单元格） 3
井道及
相关设备

续表

项目及类别		检验内容与要求	检验方法
3 井道及 相关设备	3.11 随行电缆 C	随行电缆应当避免与限速器绳、选层器钢带、限位与极限开关等装置干涉,当轿厢在缓冲器上压实时,电缆不得与地面和轿厢底边框接触	目测
	3.12 井道照明 C	井道应当装设永久性电气照明。对于部分封闭井道,如果井道附近有足够的电气照明,井道内可以不设照明	目测
	3.13 底坑设施 与装置 C	(1) 底坑底部应当平整,不得渗水、漏水; (2) 如果没有其他通道,应当在底坑内设置一个从层门进入底坑的永久性装置(如梯子),该装置不得凸入电梯的运行空间; (3) 底坑内应当设置在进入底坑时和底坑地面上均能方便操作的停止装置,停止装置的操作装置为双稳态、红色并标以"停止"字样,并且有防止误操作的保护; (4) 底坑内应当设置 2P+PE 型电源插座,以及在进入底坑时能方便操作的井道灯开关	目测;操作验证停止装置和井道灯开关功能
	3.14 底坑空间 C	轿厢完全压在缓冲器上时,底坑空间尺寸应当同时满足以下要求: (1) 底坑中有一个不小于 0.50m×0.60m×1.0m 的空间(任一面朝下即可); (2) 底坑底面与轿厢最低部件的自由垂直距离不小于 0.50m,当垂直滑动门的部件、护脚板和相邻井道壁之间,轿厢最低部件和导轨之间的水平距离在 0.15m 之内时,此垂直距离允许减少到 0.10m;当轿厢最低部件和导轨之间的水平距离大于 0.15m 但小于 0.5m 时,此垂直距离可按等比例增加至 0.5m; (3) 底坑中固定的最高部件和轿厢最低部件之间的距离不小于 0.30m	测量轿厢在下端站平层位置时的相应数据,计算确认是否满足要求
	3.15 限速器绳 张紧装置 B	(1) 限速器绳应当用张紧轮张紧,张紧轮(或者其配重)应当有导向装置; (2) 当限速器绳断裂或者过分伸长时,应当通过一个电气安全装置的作用,使电梯停止运转	(1) 目测张紧和导向装置; (2) 电梯以检修速度运行,使电气安全装置动作,观察电梯运行状况

项目及类别		检验内容与要求	检验方法
3 井道及 相关设备	3.16 缓冲器 B	(1) 轿厢和对重的行程底部极限位置应当设置缓冲器，强制驱动电梯还应当在行程上部极限位置设置缓冲器；蓄能型缓冲器只能用于额定速度不大于 1m/s 的电梯，耗能型缓冲器可以用于任何额定速度的电梯； (2) 缓冲器上应当设有铭牌或者标签，标明制造单位名称、型号、规格参数和型式试验机构标识，铭牌或者标识和型式试验合格证内容应当相符； (3) 缓冲器应当固定可靠； (4) 耗能型缓冲器液位应当正确，有验证柱塞复位的电气安全装置； (5) 对重缓冲器附近应当设置永久性的明显标识，标明当轿厢位于顶层端站平层位置时，对重装置撞板与其缓冲器顶面间的最大允许垂直距离；并且该垂直距离不超过最大允许值	(1) 对照检查缓冲器型式试验合格证和铭牌或者标签； (2) 目测缓冲器的固定、液位和电气安全装置及对重越程距离标识； (3) 定期检验时，查验当轿厢位于顶层端站平层位置时，对重装置撞板与其缓冲器顶面间的垂直距离
	3.17 对重 （平衡重） 下方空间 的防护 C	如果对重（平衡重）之下有人能够到达的空间，应当将对重缓冲器安装于一直延伸到坚固地面上的实心桩墩，或者在对重（平衡重）上装设安全钳	目测
4 轿厢与 对重 （平衡重）	4.1 轿顶电气 装置 C	(1) 轿顶应当装设一个易于接近的检修运行控制装置，并且符合以下要求： ① 由一个符合电气安全装置要求，能够防止误操作的双稳态开关（检修开关）进行操作； ② 一经进入检修运行时，即取消正常运行（包括任何自动门操作）、紧急电动运行、对接操作运行，只有再一次操作检修开关，才能使电梯恢复正常工作； ③ 依靠持续按压按钮来控制轿厢运行，此按钮有防止误操作的保护，按钮上或其近旁标出相应的运行方向； ④ 该装置上设有一个停止装置，停止装置的操作装置为双稳态、红色并标以"停止"字样，并且有防止误操作的保护； ⑤ 检修运行时，安全装置仍然起作用； (2) 轿顶应当装设一个从入口处易于接近的停止装置，停止装置的操作装置为双稳态、红色并标以"停止"字样，并且有防止误操作的保护。如果检修运行控制装置设在从入口处易于接近的位置，该停止装置也可以设在检修运行控制装置上； (3) 轿顶应当装设 2P＋PE 型电源插座	(1) 目测检修运行控制装置、停止装置和电源插座的设置； (2) 操作验证检修运行控制装置、安全装置和停止装置的功能

续表

项目及类别		检验内容与要求	检验方法
4 轿厢与 对重 （平衡重）	4.2 轿顶 护栏 C	井道壁离轿顶外侧水平方向自由距离超过0.3m时，轿顶应当装设护栏，并且满足以下要求： （1）由扶手、0.10m高的护脚板和位于护栏高度一半的中间栏杆组成； （2）当自由距离不大于0.85m时，扶手高度不小于0.70m，当自由距离大于0.85m时，扶手高度不小于1.10m； （3）护栏装设在距轿顶边缘最大为0.15m之内，并且其扶手外缘和井道中的任何部件之间的水平距离不小于0.10m； （4）护栏上有关于俯伏或斜靠护栏危险的警示符号或须知	目测或者测量相关数据
	4.3 轿厢 安全窗 （门） C	如果轿厢设有安全窗（门），应当符合以下要求： （1）设有手动上锁装置，能够不用钥匙从轿厢外开启，用规定的三角钥匙从轿厢内开启； （2）轿厢安全窗不能向轿厢内开启，并且开启位置不超出轿厢的边缘，轿厢安全门不能向轿厢外开启，并且出入路径没有对重（平衡重）或者固定障碍物； （3）其锁紧由电气安全装置予以验证	操作验证
	4.4 轿厢 和对重 （平衡重） 间距 C	轿厢及关联部件与对重（平衡重）之间的距离应当不小于50mm	测量相关数据
	4.5 对重 （平衡重） 的固定 C	如果对重（平衡重）由重块组成，应当可靠固定	目测

4.6 轿厢面积 C

（1）轿厢有效面积应当符合下述规定：

Q①	S②	Q①	S②	Q①	S②	Q①	S②
100③	0.37	525	1.45	900	2.20	1275	2.95
180④	0.58	600	1.60	975	2.35	1350	3.10
225	0.70	630	1.66	1000	2.40	1425	3.25
300	0.90	675	1.75	1050	2.50	1500	3.40
375	1.10	750	1.90	1125	2.65	1600	3.56
400	1.17	800	2.00	1200	2.80	2000	4.20
450	1.30	825	2.05	1250	2.90	2500⑤	5.00

注：①额定载重量，kg；②轿厢最大有效面积，m²；③一人电梯的最小值；④二人电梯的最小值；⑤额定载重量超过2500kg时，每增加100kg，面积增加0.16m²。对中间的载重量，其面积由线性插入法确定

检验方法：（1）测量计算轿厢有效面积；

续表

项目及类别	检验内容与要求	检验方法
4.6 轿厢面积 C	（2）对于为了满足使用要求而轿厢面积超出上述规定的载货电梯，必须满足以下条件： ① 在从层站装卸区域可以看见的位置上设置标志，表明该载货电梯的额定载重量； ② 该电梯专用于运送特定轻质货物，其体积可保证在装满轿厢情况下，该货物的总质量不会超过额定载重量； ③ 该电梯由专职司机操作，并严格限制人员进入	（2）检查层站装卸区域额定载重量标志、电梯专用等措施
4.7 轿厢铭牌 C	轿厢内应当设置铭牌，标明额定载重量及乘客人数（载货电梯只标载重量）、制造厂名称或商标；改造后的电梯，铭牌上应当标明额定载重量及乘客人数（载货电梯只标定载重量）、改造单位名称、改造竣工日期等	目测
4 轿厢与对重（平衡重）	4.8 紧急照明和报警装置 B	轿厢内应当装设符合下述要求的紧急报警装置和应急照明： （1）正常照明电源中断时，能够自动接通紧急照明电源； （2）紧急报警装置采用对讲系统以便与救援服务持续联系，当电梯行程大于30m时，在轿厢和机房（或者紧急操作地点）之间也设置对讲系统，紧急报警装置的供电来自前条所述的紧急照明电源或者等效电源；在启动对讲系统后，被困乘客不必再做其他操作	断开正常照明供电电源，分别验证紧急照明系统、紧急报警装置的功能
	4.9 地坎护脚板 C	轿厢地坎下应当装设护脚板，其垂直部分的高度不小于0.75m，宽度不小于层站入口宽度	目测或者测量相关数据
	4.10 超载保护装置 C	电梯应当设置轿厢超载保护装置，在轿厢内的载荷超过110%额定载重量（超载量不少于75kg）时，能够防止电梯正常启动及再平层，并且轿内有音响或者发光信号提示，动力驱动的自动门完全打开，手动门保持在未锁状态	进行加载试验，验证超载保护装置的功能
	4.11 安全钳 B	（1）安全钳上应当设有铭牌，标明制造单位名称、型号、规格参数和型式试验机构标识，铭牌、型式试验合格证、调试证书内容与实物应当相符； （2）轿厢上应当装设一个在轿厢安全钳动作以前或同时动作的电气安全装置	（1）对照检查安全钳型式试验合格证、调试证书和铭牌； （2）目测电气安全装置的设置

续表

项目及类别	检验内容与要求	检验方法
5 **悬挂装置、** **补偿装置** **及** **旋转部件** **防护**		
5.1 悬挂装置、 补偿装置 的磨损、 断丝、变形 等情况 C	出现下列情况之一时,悬挂钢丝绳和补偿钢丝绳应当报废: ① 出现笼状畸变、绳芯挤出、扭结、部分压扁、弯折; ② 断丝分散出现在整条钢丝绳,任何一个捻距内单股的断丝数大于 4 根;或者断丝集中在钢丝绳某一部位或一股,一个捻距内断丝总数大于 12 根(对于股数为 6 的钢丝绳)或者大于 16 根(对于股数为 8 的钢丝绳); ③ 磨损后的钢丝绳直径小于钢丝绳公称直径的 90%。 采用其他类型悬挂装置的,悬挂装置的磨损、变形等应当不超过制造单位设定的报废指标	(1) 用钢丝绳探伤仪或者放大镜全长检测或者分段抽测;测量并判断钢丝绳直径变化情况。测量时,以相距至少 1m 的两点进行,在每点相互垂直方向上测量两次,四次测量值的平均值,即为钢丝绳的实测直径。 (2) 采用其他类型悬挂装置的,按照制造单位提供的方法进行检验
5.2 端部 固定 C	悬挂钢丝绳绳端固定应当可靠,弹簧、螺母、开口销等连接部件无缺损。 对于强制驱动电梯,应当采用带楔块的压紧装置,或者至少用 3 个压板将钢丝绳固定在卷筒上。 采用其他类型悬挂装置的,其端部固定应当符合制造单位的规定	目测,或者按照制造单位的规定进行检验
5.3 补偿 装置 C	(1) 补偿绳(链)端固定应当可靠; (2) 应当使用电气安全装置来检查补偿绳的最小张紧位置; (3) 当电梯的额定速度大于 3.5m/s 时,还应当设置补偿绳防跳装置,该装置动作时应当有一个电气安全装置使电梯驱动主机停止运转	(1) 目测补偿绳(链)端固定情况; (2) 模拟断绳或者绳跳出时的状态,观察电气安全装置动作和电梯运行情况
5.4 钢丝绳 的卷绕 C	对于强制驱动电梯,钢丝绳的卷绕应当符合以下要求: (1) 轿厢完全压缩缓冲器时,卷筒的绳槽中应当至少留有两圈钢丝绳; (2) 卷筒上只能卷绕一层钢丝绳; (3) 应当有措施防止钢丝绳滑脱和跳出	目测
5.5 松绳(链) 保护 B	如果强制驱动电梯的轿厢悬挂在两根钢丝绳或者链条上,则应当设置检查绳(链)松弛的电气安全装置,当其中一根钢丝绳(链条)发生异常相对伸长时,电梯应当停止运行	轿厢以检修速度运行,使松绳(链)电气安全装置动作,观察电梯运行状况
5.6 旋转部件 的防护 C	在机房(机器设备间)内的曳引轮、滑轮、链轮、限速器,在井道内的曳引轮、滑轮、链轮、限速器及张紧轮、补偿绳张紧轮,在轿厢上的滑轮、链轮等与钢丝绳、链条形成传动的旋转部件,均应当设置防护装置,以避免人身伤害、钢丝绳或链条因松弛而脱离绳槽或链轮、异物进入绳与绳槽或链与链轮之间	目测

续表

项目及类别		检验内容与要求	检验方法
6 轿门 与层门	6.1 门地坎 距离 C	轿厢地坎与层门地坎的水平距离不得大于 35mm	测量相关尺寸
	6.2 门间隙 C	门关闭后，应当符合以下要求： (1) 门扇之间及门扇与立柱、门楣和地坎之间的间隙，乘客电梯不大于 6mm；载货电梯不大于 8mm，使用过程中由于磨损，允许达到 10mm； (2) 在水平移动门和折叠门主动门扇的开启方向，以150N 的人力施加在一个最不利的点，前条所述的间隙允许增大，但对于旁开门不大于 30mm，对于中分门其总和不大于 45mm	测量相关尺寸
	6.3 玻璃门 C	层门和轿门采用玻璃门时，应当符合以下要求： (1) 玻璃门上有供应商名称或者商标、玻璃的型式等永久性标记； (2) 玻璃门上的固定件，即使在玻璃下沉的情况下，也能够保证玻璃不会滑出； (3) 有防止儿童的手被拖曳的措施	目测
	6.4 防止 门夹人的 保护装置 B	动力驱动的自动水平滑动门应当设置防止门夹人的保护装置，当人员通过层门入口被正在关闭的门扇撞击或者将被撞击时，该装置应当自动使门重新开启	模拟动作试验
	6.5 门运行 和导向 C	层门和轿门正常运行时不得出现脱轨、机械卡阻或者在行程终端时错位；由于磨损、锈蚀或者火灾可能造成层门导向装置失效时，应当设置应急导向装置，使层门保持在原有位置	目测
	6.6 自动关闭 层门装置 B	在轿门驱动层门的情况下，当轿厢在开锁区域之外时，如果层门开启（无论何种原因），应当有一种装置能够确保该层门自动关闭。自动关闭装置采用重块时，应当有防止重块坠落的措施	抽取基站、端站以及20%其他层站的层门，将轿厢运行至开锁区域外，打开层门，观察层门关闭情况及防止重块坠落措施的有效性
	6.7 紧急开锁 装置 B	每个层门均应当能够被一把符合要求的钥匙从外面开启；紧急开锁后，在层门闭合时门锁装置不应当保持开锁位置	抽取基站、端站以及20%其他层站的层门，用钥匙操作紧急开锁装置，验证其功能

续表

项目及类别		检验内容与要求	检验方法
6 轿门 与 层门	6.8 门的锁紧 B	(1) 每个层门都应当设置门锁装置,其锁紧动作应当由重力、永久磁铁或者弹簧来产生和保持,即使永久磁铁或者弹簧失效,重力亦不能导致开锁; (2) 轿厢应当在锁紧元件啮合不小于 7mm 时才能启动; (3) 门的锁紧应当由一个电气安全装置来验证,该装置应当由锁紧元件强制操作而没有任何中间机构,并且能够防止误动作; (4) 如果轿门采用了门锁装置,该装置也应当符合以上有关要求	(1) 目测门锁及电气安全装置的设置; (2) 目测锁紧元件的啮合情况,认为啮合长度可能不足时,测量电气触点刚闭合时锁紧元件的啮合长度; (3) 使电梯以检修速度运行,打开门锁,观察电梯是否停止
	6.9 门的闭合 B	(1) 正常运行时应当不能打开层门,除非轿厢在该层门的开锁区域内停止或停站;如果一个层门或者轿门(或者多扇门中的任何一扇门)开着,在正常操作情况下,应当不能启动电梯或者不能保持继续运行; (2) 每个层门和轿门的闭合都应当由电气安全装置来验证,如果滑动门是由数个间接机械连接的门扇组成,则未被锁住的门扇上也应当设置电气安全装置以验证其闭合状态	(1) 使电梯以检修速度运行,打开层门,检查电梯是否停止; (2) 将电梯置于检修状态,层门关闭,打开轿门,观察电梯能否运行; (3) 对于由数个间接机械连接的门扇组成的滑动门,抽取轿门和基站、端站以及 20% 其他层站的层门,短接被锁住门扇上的电气安全装置,使各门扇均打开,观察电梯能否运行
	6.10 门刀、门锁滚轮与地坎间隙 C	轿门门刀与层门地坎,层门锁滚轮与轿厢地坎的间隙应当不小于5mm;电梯运行时不得互相碰撞	测量相关数据
7 无机房电梯附加检验项目	7.1 井道内作业场地总要求 C	(1) 作业场地的结构与尺寸应当保证工作人员能够安全、方便地进出和进行维修(检查)作业(参见2.3); (2) 作业场地应当设置永久性电气照明,在靠近工作场地入口处应当设置照明开关	目测

续表

项目及类别	检验内容与要求	检验方法
7 无机房 电梯附加 检验项目	**7.2** 设在轿顶 上或轿厢 内的作业 场地 C	检查、维修驱动主机和控制柜的作业场地设在轿顶上或轿内时，应当具有以下安全措施： （1）设置防止轿厢移动的机械锁定装置； （2）设置检查机械锁定装置工作位置的电气安全装置，当该机械锁定装置处于非停放位置时，能防止轿厢的所有运行； （3）若在轿厢壁上设置检修门（窗），则该门（窗）不得向轿厢外打开，并且装有用钥匙开启的锁，不用钥匙能够关闭和锁住，同时设置检查检修门（窗）锁定位置的电气安全装置； （4）在检修门（窗）开启的情况下需要从轿内移动轿厢时，在检修门（窗）的附近设置轿内检修控制装置，轿内检修控制装置能够使检查门（窗）锁定位置的电气安全装置失效，人员站在轿顶时，不能使用该装置来移动轿厢；如果检修门（窗）的尺寸中较小的一个尺寸超过 0.20m，则井道内安装的设备与该检修门（窗）外边缘之间的距离应不小于 0.30m	（1）目测机械锁定装置、检修门（窗）、轿内检修控制装置的设置； （2）通过模拟操作以及使电气安全装置动作，检查机械锁定装置、轿内检修控制装置、电气安全装置的功能
	7.3 设在底坑 内的作业 场地 C	检查、维修驱动主机和控制柜的作业场地设在底坑时，如果检查、维修工作需要移动轿厢或可能导致轿厢的失控和意外移动，应当具有以下安全措施： （1）设置停止轿厢运动的机械制停装置，使工作场地内的地面与轿厢最低部件之间的距离不小于 2m； （2）设置检查机械制停装置工作位置的电气安全装置，当机械制停装置处于非停放位置且未进入工作位置时，能防止轿厢的所有运行，当机械制停装置进入工作位置后，仅能通过检修装置来控制轿厢的电动移动； （3）在井道外设置电气复位装置，只有通过操纵该装置才能使电梯恢复到正常工作状态，该装置只能由工作人员操作	（1）对于不具备相应安全措施的，核查电梯整机型式试验合格证书或者报告书，确认其上有无检查、维修工作无须移动轿厢且不可能导致轿厢失控和意外移动的说明； （2）目测机械制停装置、井道外电气复位装置的设置； （3）通过模拟操作以及使电气安全装置动作，检查机械制停装置、井道外电气复位装置、电气安全装置的功能

项目及类别		检验内容与要求	检验方法
7 无机房 电梯附加 检验项目	7.4 设在平台 上的作业 场地 C	检查、维修机器设备的作业场地设在平台上时，如果该平台位于轿厢或者对重（平衡重）的运行通道中，则应当具有以下安全措施： （1）平台是永久性装置，有足够的机械强度，并且设置护栏； （2）设有可以使平台进入（退出）工作位置的装置，该装置只能由工作人员在底坑或者在井道外操作，由一个电气安全装置确认平台完全缩回后电梯才能运行； （3）如果检查、维修作业不需要移动轿厢，则设置防止轿厢移动的机械锁定装置和检查机械锁定装置工作位置的电气安全装置，当机械锁定装置处于非停放位置时，能防止轿厢的所有运行； （4）如果检查（维修）作业需要移动轿厢，则设置活动式机械止挡装置来限制轿厢的运行区间，当轿厢位于平台上方时，该装置能够使轿厢停在上方距平台至少2m处，当轿厢位于平台下方时，该装置能够使轿厢停在平台下方符合3.2井道顶部空间要求的位置； （5）设置检查机械止挡装置工作位置的电气安全装置，只有机械止挡装置处于完全缩回位置时才允许轿厢移动，只有机械止挡装置处于完全伸出位置时才允许轿厢在前条所限定的区域内移动。 如果该平台不位于轿厢或者对重（平衡重）的运行通道中，则应当满足上述（1）的要求	（1）目测平台、平台护栏、机械锁定装置、活动式机械止挡装置的设置； （2）通过模拟操作以及使电气安全装置动作，检查机械锁定装置、活动式机械止挡装置、电气安全装置的功能
	7.5 紧急操作 与动态 试验装置 B	（1）用于紧急操作和动态试验（如制动试验、曳引力试验、限速器—安全钳动作试验、缓冲器试验及轿厢上行超速保护试验等）的装置应当能在井道外操作；在停电或停梯故障造成人员被困时，相关人员能够按照操作屏上的应急救援程序及时解救被困人员； （2）应当能够直接或者通过显示装置观察到轿厢的运动方向、速度以及是否位于开锁区； （3）装置上应当设置永久性照明和照明开关； （4）装置上应当设置停止装置	（1）目测或者结合相关试验，验证动态试验装置的功能； （2）在空载、半载、满载等工况（含轿厢与对重平衡的工况），模拟停电或停梯故障，按照相应的应急救援程序进行操作。定期检验时在空载工况下进行。由施工或者维护保养单位进行操作，检验人员现场观察、确认； （3）操作停止装置，验证其功能

项目及类别		检验内容与要求	检 验 方 法
7 无机房 电梯附加 检验项目	7.6 附加检修 控制装置 C	如果需要在轿厢内、底坑或者平台上移动轿厢,则应当在相应位置上设置附加检修控制装置,并且符合以下要求: (1) 每台电梯只能设置1个附加检修控制装置;附加检修控制装置的型式要求与轿顶检修控制装置相同; (2) 如果一个检修控制装置被转换到"检修",则通过持续按压该控制装置上的按钮能够移动轿厢;如果两个检修控制装置均被转换到"检修"位置,则从任何一个检修控制装置都不可能移动轿厢,或者当同时按压两个检修控制装置上相同方向的按钮时,才能够移动轿厢	(1) 目测附加检修控制装置的设置; (2) 进行检修操作,检查检修控制装置的功能
8 试验	8.1 轿厢上行 超速保护 装置试验 C	当轿厢上行速度失控时,轿厢上行超速保护装置应当动作,使轿厢制停或者至少使其速度降低至对重缓冲器的设计范围;该装置动作时,应当使一个电气安全装置动作	由施工或者维护保养单位按照制造单位规定的方法进行试验,检验人员现场观察、确认
	8.2 耗能缓冲 器试验C	缓冲器动作后,回复至其正常伸长位置电梯才能正常运行;缓冲器完全复位的最大时间限度为120s	(1) 将限位开关(如果有)、极限开关短接,以检修速度下降空载轿厢,将缓冲器压缩,观察电气安全装置动作情况; (2) 将限位开关(如果有)、极限开关和相关的电气安全装置短接,以检修速度下降空载轿厢,将缓冲器完全压缩,测量从轿厢开始提起到缓冲器回复原状的时间
	8.3 轿厢 限速器— 安全钳 动作试验 B	(1) 施工监督检验:轿厢装有下述载荷,以检修速度下行,进行限速器—安全钳联动试验,限速器—安全钳动作应当可靠: ① 瞬时式安全钳,轿厢装载额定载重量,对于轿厢面积超出规定的载货电梯,以轿厢实际面积按规定所对应的额定载重量作为试验载荷; ② 渐进式安全钳,轿厢装载1.25倍额定载荷,对于轿厢面积超出规定的载货电梯,取1.25倍额定载重量与轿厢实际面积按规定所对应的额定载重量两者中的较大值作为试验载荷; ③ 对于轿厢面积超过相应规定的非商用汽车电梯,轿厢装载150%额定载重量。 (2) 定期检验:轿厢空载,以检修速度下行,进行限速器—安全钳联动试验,限速器—安全钳动作应当可靠	(1) 施工监督检验:由施工单位进行试验,检验人员现场观察、确认; (2) 定期检验:短接限速器和安全钳的电气安全装置,轿厢空载,以检修速度向下运行,人为动作限速器,观察轿厢制停情况

续表

项目及类别		检验内容与要求	检验方法
8 试验	8.4 对重(平衡重)限速器—安全钳动作试验 B	轿厢空载,以检修速度上行,进行限速器—安全钳联动试验,限速器—安全钳动作应当可靠	短接限速器和安全钳的电气安全装置(如果有),轿厢空载以检修速度向上运行,人为动作限速器,观察对重(平衡重)制停情况
	8.5 平衡系数试验 C	曳引电梯的平衡系数应当在0.40~0.50,或者符合制造(改造)单位的设计值	轿厢分别空载、装载额定载重量的25%、40%、50%、75%、100%、110%作上下全程运行,当轿厢和对重运行到同一水平位置时,记录电动机的电流值,绘制电流—负荷曲线以上、下行运行曲线的交点确定平衡系数。以电动机电源输入端为电流检测点
	8.6 空载曳引力试验 B	当对重压在缓冲器上而曳引机按电梯上行方向旋转时,应当不能提升空载轿厢	将上限位开关(如果有)、极限开关和缓冲器柱塞复位开关(如果有)短接,以检修速度将空载轿厢提升,当对重压在缓冲器上后,继续使曳引机按上行方向旋转,观察是否出现曳引轮与曳引绳产生相对滑动的现象,或者曳引机停止旋转

项目及类别		检验内容与要求	检验方法
8 **试验**	**8.7** 运行试验 C	轿厢分别空载、满载，以正常运行速度上、下运行，呼梯、楼层显示等信号系统功能有效、指示正确、动作无误，轿厢平层良好，无异常现象发生	轿厢分别空载、满载，以正常运行速度上、下运行，观察运行情况
	8.8 消防返回 功能试验 B	如果电梯设有消防返回功能，应当符合以下要求： (1) 消防开关应当设在基站或者撤离层，防护玻璃应当完好，并且标有"消防"字样； (2) 消防功能启动后，电梯不响应外呼和内选信号，轿厢直接返回指定撤离层，开门待命	电梯在停止或者运行过程中，选择一些楼层呼梯，动作消防开关，检查电梯运行和开门状况
	8.9 电梯速度 C	当电源为额定频率，电动机施以额定电压时，轿厢承载0.5倍额定载重量，向下运行至行程中段（除去加速和减速段）时的速度，不得大于额定速度的105%，不宜小于额定速度的92%	用速度检测仪器进行检测
	8.10 上行 制动试验 B	轿厢空载以正常运行速度上行时，切断电动机与制动器供电，轿厢应当被可靠制停，并且无明显变形和损坏	轿厢空载以正常运行速度上行至行程上部时，断开主开关，检查轿厢制停情况
	8.11 下行 制动试验 A(B)	轿厢装载1.25倍额定载重量，以正常运行速度下行至行程下部，切断电动机与制动器供电，曳引机应当停止运转，轿厢应当完全停止	由施工单位（定期检验时由维护保养单位）进行试验，检验人员现场观察、确认 注：定期检验如需进行此项目，按B类项目进行
	8.12 静态曳引 试验 A(B)	对于轿厢面积超过相应规定的载货电梯，以轿厢实际面积所对应的1.25倍额定载重量进行静态曳引试验，对于轿厢面积超过相应规定的非商用汽车电梯，以1.5倍额定载重量做静态曳引试验，历时10min，曳引绳应当没有打滑现象	由施工单位（定期检验时由维护保养单位）进行试验，检验人员现场观察、确认 注：定期检验如需进行此项目，按B类项目进行

附件 B

曳引与强制驱动电梯监督检验报告
（格式）

使用单位：＿＿＿＿＿＿＿＿＿＿＿＿＿＿＿＿＿

设备代码：＿＿＿＿＿＿＿＿＿＿＿＿＿＿＿＿＿

设备名称：＿＿＿＿＿＿＿＿＿＿＿＿＿＿＿＿＿

设备类型：＿＿＿＿＿＿＿＿＿＿＿＿＿＿＿＿＿

施工类别：＿＿＿＿（安装、改造、重大维修）＿＿

施工单位：＿＿＿＿＿＿＿＿＿＿＿＿＿＿＿＿＿

检验机构：＿＿＿＿＿＿＿＿＿＿＿＿＿＿＿＿＿

检验日期：＿＿＿＿＿＿＿＿＿＿＿＿＿＿＿＿＿

（印制检验机构名称）

注意事项

1. 本报告依据《电梯监督检验和定期检验规则——曳引与强制驱动电梯》（TSG T70××—2009）制定，适用于电梯安装、改造、重大维修监督检验。

2. 本报告应当由计算机打印输出，或者用钢笔、签字笔填写，字迹应当工整，修改无效。

3. 本报告无检验、审核、批准人员签字和检验机构的核准证号、检验专用章或者公章无效。

4. 本报告一式三份，由检验机构、施工单位和使用单位分别保存。

5. 受检单位对本报告结论如有异议，请在收到报告书之日起 15 日内，向检验机构提出书面意见。

检验机构地址：

邮政编码：

联系电话：

电梯监督检验报告

报告编号：

设 备 名 称			规格型号	
制造单位			制造日期	
施工单位			使用单位	
施工单位许可证编号			施工类别	（安装、改造、维修）
安装地点			使用登记编号	
产品编号			制造日期	
维护保养单位				
设备技术参数	额定载重量		kg	额定速度		m/s
	层站数	层 站		控制方式		
检验依据					
主要检验仪器设备					
检验结论					
备注					
检验日期			下次检验日期		
检验人员					

编 制：	日期：	检验机构核准证号：
审 核：	日期：	
批 准：	日期：	（检验机构检验专用章） 年 月 日

共 页 第 页

报告编号：

序号	检验类别	检验项目及其内容			检验结果	检验结论
1	A	1 技术资料	1.1 制造资料	(1) 制造许可证明文件		
				(2) 整机型式试验合格证或报告书		
				(3) 产品质量证明文件		
				(4) 安全装置、主要部件型式试验合格证及有关资料		
				(5) 机房(机器设备间)和井道布置图		
				(6) 电气原理图		
				(7) 安装使用维护说明书		
2	A		1.2 安装 资料	(1) 安装许可证和告知书		
				(2) 施工方案		
				(3) 特种设备作业人员证件		
				(4) 施工过程记录和自检报告		
				(5) 设计变更证明文件		
				(6) 安装质量证明文件		
3	A		1.3 改造、 重大 维修资料	(1) 改造(维修)许可证和告知书		
				(2) 施工方案		
				(3) 更换的安全装置和主要部件的型式试验合格证及有关资料		
				(4) 特种设备作业人员证件		
				(5) 施工过程记录和自检报告		
				(6) 改造质量证明文件		
4	B		1.4 使用资料	(1) 使用登记资料		
				(2) 安全技术档案		
				(3) 管理规章制度		
				(4) 日常维护保养合同		
				(5) 特种设备作业人员证		
5	C	2 机房 (机器设备间)及 相关设备	2.1 通道和 通道门	(1) 通道设置		
				(2) 通道照明		
				(3) 通道门		
6	C		2.2 机房(机器设备间)专用			
7	C		2.3 安全空间	(1) 控制屏(柜)前的净空面积		
				(2) 维修、操作处的净空面积		
				(3) 楼梯(台阶)、护栏		
8	C		2.4 地面开口			

共 页 第 页

报告编号：

序号	检验类别	检验项目及其内容			检验结果	检验结论
9	C	2.5 照明与 插座		(1) 机房照明、照明开关		
				(2) 电源插座		
				(3) 井道、轿厢照明和插座电源开关		
10	C			2.6 断错相保护		
11	B		2.7 主开关	(1) 主开关设置		
				(2) 与照明等电路的控制关系		
				(3) 防止误操作装置		
				(4) 标志		
12	B	2 机房 （机器设备间）及 相关设备	2.8 驱动主机	(1) 工作状况		
				(2) 曳引轮安全色		
				(3) 轮槽磨损		
13	C		2.9 制动装置	(1) 机械部件设置		
				(2) 电气装置设置		
14	B		2.10 紧急操作	(1) 手动紧急操作装置		
				(2) 紧急电动运行装置		
				(3) 应急救援程序		
15	B		2.11 限速器	(1) 限速器铭牌		
				(2) 电气安全装置		
				(3) 动作速度校验		
16	C		2.12 接地	(1) N 线与 PE 线的设置		
				(2) 接地连接		
17	C			2.13 电气绝缘		
18	B			2.14 轿厢上行超速保护装置		
19	C	3 井道及 相关设备		3.1 井道封闭		
20	C		3.2 曳引驱动电梯井道顶部空间	(1) 当对重完全压在缓冲器上时应当同时满足的条件		
				(2) 对重导轨制导行程		

报告编号：

序号	检验类别	检验项目及其内容			检验结果	检验结论
21	C	3.3 强制驱动 电梯井道 顶部空间	（1）顶部行程与导向			
			（2）当轿厢完全压在缓冲器上时，应当同时满足的条件			
			（3）平衡重导轨制导行程			
22	C	3.4 井道 安全门	（1）安全门设置			
			（2）门的开启方向			
			（3）门锁			
			（4）电气安全装置			
23	C	3.5 井道 检修门	（1）门的尺寸			
			（2）门的开启方向			
			（3）门锁			
			（4）电气安全装置			
24	C	3.6 导轨	（1）支架个数与间距			
			（2）支架安装			
			（3）导轨工作面铅垂度			
			（4）导轨顶面距离偏差			
25	B	3 井道及相关设备	3.7 轿厢与井道壁距离			
26	C		3.8 层门地坎下端井道壁			
27	C		3.9 井道内 防护	（1）对重（平衡重）运行区域防护		
				（2）多台电梯运动部件之间的防护		
28	B		3.10 极限开关			
29	C		3.11 随行电缆			
30	C		3.12 井道照明			
31	C		3.13 底坑设施 与装置	（1）底坑底部		
				（2）进入底坑通道		
				（3）停止装置		
				（4）电源插座与井道灯开关		
32	C		3.14 底坑空间	（1）底坑空间尺寸		
				（2）底坑底面与轿厢部件距离		
				（3）轿厢最低部件与底坑最高部件距离		

报告编号：

序号	检验类别	检验项目及其内容			检验结果	检验结论
33	B	3 井道及相关设备	3.15 限速绳张紧装置	(1) 张紧形式、导向装置		
				(2) 电气安全装置		
34	B		3.16 缓冲器	(1) 缓冲器选型		
				(2) 缓冲器铭牌或者标签		
				(3) 缓冲器固定		
				(4) 缓冲器液位和电气安全装置		
				(5) 对重越程距离		
35	C		3.17 对重（平衡重）下方空间的防护			
36	C	4 轿厢与对重（平衡重）	4.1 轿顶电气装置	(1) 检修装置		
				(2) 停止装置		
				(3) 电源插座		
37	C		4.2 轿顶护栏	(1) 护栏的组成		
				(2) 扶手高度		
				(3) 装设位置		
				(4) 警示标志		
38	C		4.3 安全窗（门）	(1) 手动上锁装置		
				(2) 安全门（窗）开启		
				(3) 电气安全装置		
39	C		4.4 轿厢和对重（平衡重）间距			
40	C		4.5 对重（平衡重）的固定			
41	C		4.6 轿厢面积	(1) 有效面积		
				(2) 轿厢超面积载货电梯的控制条件		
42	C		4.7 轿厢内铭牌			
43	B		4.8 紧急照明和报警装置	(1) 紧急照明		
				(2) 紧急报警装置		
44	C		4.9 地坎护脚板			
45	C		4.10 轿厢超载保护装置			
46	B		4.11 安全钳	(1) 安全钳铭牌		
				(2) 电气安全装置		

共　页　第　页

报告编号：

序号	检验类别	检验项目及其内容			检验结果	检验结论
47	C	5 悬挂装置、补偿装置及旋转部件防护	5.1 磨损、断丝、变形			
48	C		5.2 绳端固定			
			5.3 补偿装置	(1) 绳（链）端固定		
				(2) 电气安全装置		
				(3) 补偿绳防跳装置		
49	C		5.4 钢丝绳的卷绕	(1) 钢丝绳余留圈数		
				(2) 钢丝绳卷绕层数		
50	C			(3) 防止钢丝绳滑脱和跳出措施		
51	B		5.5 松绳（链）保护			
52	C		5.6 旋转部件的防护			
53	C	6 轿门与层门	6.1 门与地坎距离			
54	C		6.2 门间隙	(1) 门扇间隙		
				(2) 人力施加在最不利点时间隙		
55	C		6.3 玻璃门	(1) 标记		
				(2) 固定件		
				(3) 防拖曳措施		
56	B		6.4 防止门夹人的保护装置			
57	C		6.5 门的运行与导向			
58	B		6.6 自动关闭层门装置			
59	B		6.7 紧急开锁装置			
60	B		6.8 门的锁紧	(1) 锁紧型式		
				(2) 锁紧元件啮合长度		
				(3) 电气安全装置		
				(4) 轿门锁紧装置		
61	B		6.9 门的闭合	(1) 机电联锁		
				(2) 电气安全装置		
62	C		6.10 门刀、门锁滚轮与地坎间隙			
63	C	7 无机房电梯附加项目	7.1 总体要求	(1) 结构与尺寸		
				(2) 照明与插座		
64	C		7.2 轿顶上或轿厢内的作业场地	(1) 机械锁定装置		
				(2) 检查机械锁定装置工作位置的电气安全装置		
				(3) 轿厢检修门（窗）设置		
				(4) 检修门（窗）开启时从轿内移动轿厢的要求		

共 页 第 页

报告编号：

序号	检验类别	检验项目及其内容			检验结果	检验结论
65	C	7 无机房电梯 附加项目	7.3 底坑内 的 作业场地	（1）机械制停装置		
				（2）检查机械制停装置工作位置的电气安全装置		
				（3）井道外电气复位装置		
66	C		7.4 平台上 的 作业场地	（1）平台设置		
				（2）平台进入(退出)操作与电气安全装置		
				（3）机械锁定装置与电气安全装置		
				（4）活动式机械止挡装置		
				（5）检查机械止挡装置工作位置的电气安全装置		
67	B		7.5 紧急操作 与 动态试验 装置	（1）装置的功能		
				（2）显示(观察)功能		
				（3）照明		
				（4）停止装置		
68	C		7.6 附加 检修装置	（1）附加检修装置设置		
				（2）与轿顶检修的互锁		
69	C	8 试验	8.1 轿厢上行超速保护装置试验			
70	C		8.2 耗能缓冲器试验			
71	B		8.3(1)轿厢限速器—安全钳试验			
72	B		8.4 对重(平衡重)限速器—安全钳试验			
73	C		8.5 平衡系数试验			
74	B		8.6 空载曳引力试验			
75	C		8.7 运行试验			
76	B		8.8 消防返回功能试验			
77	C		8.9 电梯速度			
78	B		8.10 上行制动试验			
79	A		8.11 下行制动试验			
80	A		8.12 静态曳引试验			

共　页　第　页

注：检验报告中的"检验项目及其内容"一栏中所表述具体项目和内容前面的条文序号[如1、1.1、(1)]与《电梯监督检验和定期检验规则——曳引与强制驱动电梯》(TSG T7001—2009)附件A《曳引与强制驱动电梯监督检验和定期检验内容、要求与方法》中的条文序号一致。

注：条文序号为1.1~1.4、2.1~2.14、3.1、3.2、3.4~3.17、4.1~4.11、5.1~5.3、5.6、6.1~6.10、8.1~8.12的检验项目(共71项)，适用于有机房曳引驱动电梯；条文序号为1.1~1.4、2.2、2.6~2.14、3.1、3.2、3.4~3.17、4.1~4.11、5.1~5.3、5.6、6.1~6.10、7.1~7.6、8.1~8.12的检验项目(共73项)，适用于无机房曳引驱动电梯；条文序号为1.1~1.4、2.1~2.14[2.8(2)、(3)除外]、3.1、3.3~3.17[3.16(5)除外]、4.1~4.11[4.6(2)除外]、5.1、5.2、5.4~5.6、6.1~6.10、8.1~8.4、8.7~8.11(共69项)的检验项目，适用于强制驱动电梯。检验机构可以根据不同的电梯类型，按照实际的项目及其内容编排检验报告。

附件 C

报告编号：

电梯定期检验报告

（格式）

使用单位：＿＿＿＿＿＿＿＿

设备代码：＿＿＿＿＿＿＿＿

设备名称：＿＿＿＿＿＿＿＿

设备类型：＿＿＿＿＿＿＿＿

设备型式：＿＿＿＿＿＿＿＿

检验机构：＿＿＿＿＿＿＿＿

检验日期：＿＿＿＿＿＿＿＿

注 意 事 项

1. 本报告依据《电梯监督检验和定期检验规则——曳引与强制驱动电梯》（TSG T70××—2009）制定，适用于电梯定期检验。

2. 本报告应当由计算机打印输出，或者用钢笔、签字笔填写，字迹应当工整，修改无效。

3. 本报告无检验、审核、批准人员签字和检验机构的核准证号、检验专用章或者公章无效。

4. 本报告一式三份，由检验机构、使用单位、日常维护保养单位分别保存。

5. 受检单位对本报告结论如有异议，请在收到报告书之日起 15 日内，向检验机构提出书面意见。

检验机构地址：

邮政编码：

联系电话：

电梯定期检验报告

报告编号：

设 备 名 称			使用登记证编号		
安全管理人员			制造日期		
使用单位					
设备使用地点			制造单位		
使用单位代码			使用单位设备编号		
制造企业名称					
规格型号			产品编号		
维护保养单位					
设备技术参数	额定载重量		kg	额定速度		m/s
	层站数	层　站		控制方式	
检验依据					
主要检验仪器设备					
检验结论					
备注					
检验日期			下次检验日期		
检验人员					

编　制：	日期：	检验机构核准证号：
审　核：	日期：	（检验机构检验专用章） 　　年　月　日
批　准：	日期：	

共　页　第　页

报告编号：

序号	检验类别	检验项目及其内容			检验结果	检验结论
1	B	1 技术资料	1.4 使用资料	(1) 使用登记资料		
				(2) 安全技术档案		
				(3) 管理规章制度		
				(4) 日常维护保养合同		
				(5) 特种设备作业人员证		
2	C	2 机房 (机器设备间) 及相关设备	2.1 机房通道与通道门			
3	C		2.5(1)机房照明、照明开关			
4	C		2.6 断错相保护			
5	B		2.7(2)主开关与照明等电路的控制关系			
6	B		2.8 驱动主机	(1) 工作状况		
				(3) 轮槽磨损		
7	B		2.10 紧急操作	★(1)手动紧急装置		
				(2) 紧急电动运行装置		
				(3) 应急救援程序		
8	B		2.11 限速器	(2) 电气安全装置		
				(3) 动作速度校验		
9	C		2.12(2)接地连接			
10	C		2.13 电气绝缘			
11	C	3 井道 及相关设备	3.4 井道 安全门	(2) 门锁		
				(3) 电气安全装置		
12	C		3.5 井道 检修门	(3) 门锁		
				(4) 电气安全装置		
13	B		3.10 极限开关			
14	C		3.11 随行电缆			
15	C		3.12 井道照明			
16	C		3.13 底坑设施 与装置	(1) 底坑底部		
				(3) 停止装置		
17	B		3.15(2)限速绳张紧装置的电气安全装置			
18	B		3.16 缓冲器	(3) 缓冲器固定		
				(4) 液位和电气安全装置		
				(5) 对重越程距离		

共 页 第 页

报告编号：

序号	检验类别	检验项目及其内容			检验结果	检验结论
19	C	4 轿厢与对重（平衡重）	4.1 轿顶电气装置	（1）检修装置		
				（2）停止装置		
20	C		4.3（3）安全窗（门）电气安全装置			
21	C		4.5 对重（平衡重）固定			
22	C		4.6（2）轿厢超面积载货电梯的控制条件			
23	B		4.8 紧急照明和报警装置	（1）紧急照明		
				（2）紧急报警装置		
24	C		4.9 地坎护脚板			
25	C		4.10 轿厢超载保护装置			
26	C	5 悬挂、补偿装置及旋转部件防护	5.1 磨损、断丝、变形			
27	C		5.2 绳端固定			
28	C		5.3 补偿装置	（1）绳（链）端固定		
				（2）电气安全装置		
				（3）补偿绳防跳装置		
29	B		5.5 松绳（链）保护			
30	C		★5.6 旋转部件的防护			
31	C	6 轿门与层门	6.2 门间隙	（1）门扇间隙		
				（2）人力施加在最不利点时间隙		
32	C		6.3 玻璃门	（1）标记		
				（2）固定件		
				（3）防拖曳措施		
33	B		6.4 防止门夹人的保护装置			
34	C		6.5 门的运行与导向			
35	B		6.6 自动关闭层门装置			
36	B		6.7 紧急开锁装置			
37	B		6.8 门的锁紧	（1）锁紧型式		
				（2）锁紧元件啮合长度		
				（3）电气安全装置		
38	B		6.9 门的闭合	（1）机电联锁		
				（2）电气安全装置		
39	C		6.10 门刀、门锁滚轮与地坎间隙			

共　页　第　页

报告编号：

序号	检验类别	检验项目及其内容			检验结果	检验结论
40	C	7.2 轿顶上或 轿厢内的 作业场地		（2）检查机械锁定装置工作位置的电气安全装置		
				（4）检修门（窗）开启时从轿内移动轿厢要求		
41	C	7.3 底坑内的 作业场地		（2）检查机械制停装置工作位置的电气安全装置		
				（3）井道外电气复位装置		
42	C	7 无机房 电梯附加 项目	7.4 平台上的 作业场地	（2）平台进入（退出）操作与电气安全装置		
				（3）机械锁定装置设置与电气安全装置		
				（4）活动式机械止挡装置设置		
				（5）检查机械止挡装置工作位置的电气安全装置		
43	B		7.5 紧急操作 和 动态试验 装置	（1）装置的功能		
				（4）停止装置		
44	C	7.6（2）附加检修装置与轿顶检修的互锁				
45	C	8试验	★8.1 轿厢上行超速保护装置试验			
46	C		8.2 耗能缓冲器试验			
47	B		8.3（2）轿厢限速器—安全钳试验			
48	B		8.4 对重（平衡重）限速器—安全钳试验			
49	B		8.6 空载曳引力试验			
50	C		8.7 运行试验			
51	C		8.8 消防返回功能试验			
52	B		8.10 空载上行制动试验			

共　页　第　页

注：检验报告中的"检验项目及其内容"一栏中所表述具体项目和内容前面的条文序号[如1、1.4、（1）]与《电梯监督检验和定期检验规则——曳引与强制驱动电梯》（TSG T7001—2009）附件A《曳引与强制驱动电梯监督检验和定期检验内容、要求与方法》（以下简称附件A）中的条文序号一致。

注：除条文序号为5.5、7.2～7.5、7.6（2）的检验项目之外，其余项目（共46项）适用于有机房曳引驱动电梯；除条文序号为2.1、2.5（1）、2.10、5.5的检验项目之外，其余项目（共48项）适用于无机房曳引驱动电梯；除条文序号为2.8（3）、3.16（5）、4.6（2）、5.3、7.2～7.5、7.6（2）、8.6的检验项目之外，其余项目（共44项）适用于强制驱动电梯。

如果检验中发现曳引轮绳槽的磨损可能影响曳引能力时（见附件2-A第2.8项），应当进行附件A第8.11项试验，对于轿厢面积超过规定的载货电梯时还需进行8.12项试验。在此情况下，应当将这些检验项目列入检验报告。

检验机构可以根据不同的电梯类型和检验情况，按照实际的项目及其内容编排检验报告。

注：标有★的项目为根据有关规定，对于允许按照GB 7588—1995及更早期标准生产的电梯，可以不检验，或者可以按照《电梯监督检验规程》（国质检[2002]1号）中的有关规定制定检验的项目。其中条文序号为2.10（1）的项目，仅指可拆卸盘车手轮的电气安全装置可以不检验。

附件 D

特种设备检验意见通知书

（格式）

编号：

_____（填写受检单位名称）_____：

经检验,你单位_____（填写设备品种）_____（产品编号：_____ ,使用登记编号：_____,使用单位设备编号：_____ ,使用地点：_____）,存在以下问题,请于_____年____月____日前将处理结果报送我机构：

问题和意见：
检验人员：　　　　　　　　　　日期： 　　　　　　　　　　　　　　　　　　　　　　（检验机构检验专用章） 　　　　　　　　　　　　　　　　　　　　　　　　年　月　日 受检单位接受人：　　　　　　　日期：
处理结果：   受检单位主管负责人：　　　　　　　　　　　　　（受检单位公章） 　　　　　　　　　　　　　　　　　　　　　　　　年　月　日

注：本通知书一式三份。一份检验机构存档,两份送受检单位,其中一份受检单位应当在要求的日期内返回检验机构。如果定期检验时存在 B 类或者超过 5 项 C 类项目不合格,或者受检单位未在要求的日期内返回检验机构,检验机构应当上报负责设备使用登记的特种设备安全监察机构。

附录3 广州市电梯日常维护保养合同 示范文本(仅供参考)

合同编号:

广州市电梯日常维护保养合同
示范文本(参考)

使用单位:＿＿＿＿＿＿＿

维保单位:＿＿＿＿＿＿＿

广州市质量技术监督局制定

广州市工商行政管理局监制

使用说明

1. 适用范围:本合同适用于乘客电梯、载货电梯、自动扶梯与自动人行道的日常维护保养。

2. 维保单位:具备特种设备安全监督管理部门核发的许可证,从事电梯制造、安装、改造、维修的单位。

3. 日常维护保养:对电梯进行的清洁、润滑、调整和检查等日常维护或保养性工作。其中清洁、润滑不包括部件的解体,调整只限于不会改变任何安全性能参数的调整。

4. 清包:只提供劳务,不提供任何电梯零部件。

5. 半包:既提供劳务,又免费提供部分电梯零部件。

6. 大包:既提供劳务,又免费提供大多数电梯零部件(电梯:曳引机、控制柜主板、曳引钢丝绳,轿厢装饰除外;自动扶梯和自动人行道:扶手带、电机控制柜主板除外)。

广州市电梯日常维护保养合同

使用单位（甲方）＿＿＿＿＿＿＿＿＿＿＿＿＿＿＿＿＿＿＿

维保单位（乙方）＿＿＿＿＿＿＿＿＿＿＿＿＿＿＿＿＿＿＿

依照《中华人民共和国合同法》《特种设备安全监察条例》及其他有关规定，甲乙双方遵循平等、自愿、公平和诚实信用的原则，就电梯日常维护保养的有关事宜协商订立本合同。

第一条　日常维护保养的电梯

甲乙双方约定，由乙方为《电梯维护保养及金额明细表》（见附件）中列明的甲方使用、管理的电梯提供日常的维护，保养和抢修服务。

第二条　日常维护保养内容

乙方应当按照《电梯使用管理与维护保养规则》（TSG T5001—2009）的规定完成半月、季度、半年、年度维保项目，并做好维护保养记录。

第三条　日常维护保养标准

实施日常维护保养后的电梯应当符合《电梯维修规范》（CB/T 18775）、《电梯制造与安装安全规范*》（GB 7588）和《自动扶梯和自动人行道的制造与安装安全规范》（GB 16899）的相关规定。

除上述标准外，还应当满足甲方提出的如下要求：＿＿＿＿＿＿＿＿＿＿＿＿＿＿＿＿＿＿＿。

第四条　日常维护保养期限

本合同期限＿＿＿年＿＿＿个月，自＿＿＿年＿＿＿月＿＿＿日起至＿＿＿年＿＿＿月＿＿＿日止。甲乙双方同意期限届满后续约的，应当于期限届满 30 日前重新签订合同。

第五条　日常维护保养费

维护保养费（＿＿＿＿＿元×＿＿＿＿＿）总计元＿＿＿＿＿＿＿（人民币），

大写：＿＿＿＿＿＿＿＿。

第六条　结算方式

（一）甲方按（□月　□季　□半年　□年）支付维护保养费，具体支付时间和金额为：＿＿＿＿＿＿＿＿＿＿＿＿＿＿＿＿＿＿＿。

（二）支付方式：　□支票　　　□汇到乙方指定账号。

第七条　日常维护保养方式：

□清包　□半包　□大包。

半包维保中更换零部件单件在＿＿＿＿＿＿＿元以内的，由乙方免费提供。

第八条　乙方抢修服务热线电话：＿＿＿＿＿＿＿＿＿＿＿＿＿。

抢修服务时间（困人除外）：＿＿＿＿＿＿＿＿＿＿＿＿＿。

第九条　驻场：

乙方（□是　□否）提供驻场作业服务（驻场费用应当已经包含在日常维护保养费中）。

驻场作业人员职责：＿＿＿＿＿＿＿＿＿＿＿＿＿＿＿＿＿＿＿＿＿＿＿＿＿＿＿＿＿。

第十条　甲方权利，义务

（一）权利

1. 有权监督乙方按照合同约定履行维护保养义务，发出故障通知或提出建议。

2. 有权要求乙方保障电梯的正常运行,乙方的维护保养达不到合同约定的维护保养标准或要求的,甲方有权拒绝在维护保养记录上签字。

(二)义务

1. 应当对每台电梯建立完整的安全技术档案,并供乙方查询。签订合同前应当向乙方提供如下资料或复印件:

(1)产品合格证;

(2)使用维护说明书;

(3)电气原理图;

(4)电气敷设图;

(5)安装说明书;

(6)电梯整机、安全部件和主要部件型式试验报告结论副本或结论;

(7)电梯运行全部记录;

(8)故障及事故记录;

(9)改造、重大维修原始记录;

(10)广州市特种设备使用登记证;

(11)电梯施工自检记录;

(12)上年度的检验报告。

2. 建立电梯安全运行管理制度,保证电梯的用电、消防、防雷、通风、通道、电话通讯、监控摄像和报警装置等系统安全可靠;并保证机房,井道、底坑无漏水、渗水现象,通往机房、底坑、滑轮间、井道安全门的通道畅通、照明充分。

3. 指派_____同志为电梯安全管理员,负责电梯以下日常安全管理工作:

(1)负责电梯钥匙的使用管理;

(2)负责对乙方的维护保养记录、修理记录签字确认;

(3)负责对乙方提交的电梯安全隐患提示单签字确认。

如果更换电梯安全管理人员,应当及时通知乙方。

4. 应当制定电梯事故应急防范措施和救援预案并定期演练。

5. 在电梯使用过程中发现故障或异常情况应当立即停止使用,并及时通知乙方。

6. 除乙方无法解决的情况外,未经乙方书面许可不得允许非乙方人员从事与电梯维护保养有关的工作。

7. 应当为乙方提供维护保养所需的工作环境。

8. 应当在电梯安全检验合格有效期届满前1个月,向电梯检验检测机构提出定期检验申请。

第十一条 乙方权利、义务

(一)权利

1. 有权要求甲方提供维护保养所需的工作环境及相关资料。

2. 有权拒绝甲方提出的影响电梯安全运行的要求。

(二)义务

1. 应当具备特种设备安全监督管理部门核发的相应许可证,并向甲方提交加盖公章的营业执照和《特种设备安装改造维修许可证》复印件作为本合同的附件。

2. 接到故障通知后,应当在_____小时内抵达现场进行处理;发生电梯困人故障时,由位于广州市_____区_____路_____号的服务网点派员在_____分钟内(此时间最长不得超过 30 分钟)抵过现场实施救援。

3. 现场作业人员不得少于两人,且应当取得相应的《特种设备作业人员证》。

4. 作业中应当负责落实现场安全防护措施,保证作业安全。

5. 向甲方提出合理化建议并每月向甲方书面报告所维护保养电梯的运行情况、零部件使用情况、易损件的更换情况及电梯更换修理需求。

6. 对所维护保养电梯的安全运行负责,保障设备整机及零部件完整无损。

7. 建立回访制度(包括工作人员服务态度、维修质量,是否按照规定实施维护保养等)。

8. 应当配合电梯检验检测机构对电梯的定期检验,并参与电梯安全管理活动。

9. 应当妥善保管电梯图纸及相关资料,并在合同终止后交给甲方。

10. 不得以任何形式分包、转包。

第十二条　违约责任

(一)一方当事人未按约定履行义务给对方造成直接损失的,应当承担赔偿责任。

(二)一方当事人无法继续履行合同的,应当提前 30 天通知另一方,并向对方支付合同总额 20% 的违约金。

(三)甲方无正当理由未按照约定期限支付费用的,每延误一日应当向乙方支付延误部分费用万分之三的违约金。

(四)甲方违反约定允许非乙方人员从事电梯维护保养工作的,应当按照标准支付违约金。

(五)因电梯使用、管理原因导致人身伤亡或设备损坏、丢失的,由甲方自行承担全部责任。

(六)乙方的维护保养工作不符合合同约定的维护保养标准或要求的,乙方应当返工,并按照标准支付违约金。

(七)因维护保养原因导致电梯检验检测不合格的,乙方还应当承担电梯复验费用,并按照标准支付违约金。

(八)因维护保养原因导致人身伤亡或设备损坏、丢失的,由乙方承担全部责任。

(九)_____。

第十三条　合同的解除

(一)甲乙双方协商一致,可以解除合同。

(二)任何一方严重违约导致合同无法继续履行的,另一方可以解除合同。此外任何一方不得单方解除合同。

第十四条　争议解决方式

本合同在履行过程中发生的争议,由双方当事人协商解决,协商不成的,按照下列第_____种方式解决(任选一种):

(一)提交广州仲裁委员会仲裁;

(二)依法向人民法院起诉。

第十五条　其他约定

（一）普通维修、重大维修、改造或甲方要求乙方提供本合同约定以外的增值服务的，双方均应当以书面形式另行约定。

（二）维护保养记录是记载电梯运行、维护、保养的依据。每台电梯均应当建立独立的维护保养记录。维护保养记录应当一式两份，甲乙双方各保存一份，保存时间为 4 年。普通维修、重大维修、改造协议与抢修记录均应当与维护保养记录一并保存。

第十六条　附则

本合同自双方签字盖章生效。本合同生效后，双方对合同内容的变更或补充应当采取书面形式，并经双方签字盖章确认，作为本合同的附件。附件与本合同具有同等的法律效力。

本合同一式 _____ 份，甲方执 _____ 份，乙方执 _____ 份，_____ 执 _____ 份。

甲方：（盖章）　　　　　　　　　乙方：（盖章）

法定代表人（签字）：　　　　　　法定代表人（签字）：

委托代理人（签字）：　　　　　　委托代理人（签字）：

住址：　　　　　　　　　　　　　住址：

邮政编码：　　　　　　　　　　　邮政编码：

联系电话：　　　　　　　　　　　联系电话：

传真电话：　　　　　　　　　　　传真电话：

开户银行：　　　　　　　　　　　开户银行：

账号：　　　　　　　　　　　　　账号：

　年　　月　　日　　　　　　　　年　　月　　日

附件

电梯维护保养及金额明细表

使用登记证 （梯粤 A×××××）	注册 代码	梯号	电梯出厂编号 或自编号	电梯品牌/ 规格型号	电梯：层/站/门 自动扶梯： 提升高度/角度	运行 地点	保养 金额

附录 4　无纸化考核操作指引

一、概况

所谓无纸化考试一般是指通过计算机来进行考试,目前有三种形式:

(1) 单机模式,即每台计算机装一套考试系统及考题,考试完毕收集成绩;

(2) C/S 模式,即在服务器上装题库,在每台计算机上安装客户端程序:登录、抽题、考试、成绩传回服务器;

(3) B/S 模式,即整个考试系统全装在服务器上,考试端只需打开浏览器界面即可,输入服务器 URL 即可调出页面登录、抽题、考试、评分、返回成绩等。

二、无纸化考试系统使用说明

由于设备条件等不同,在不同的地区,考试系统可能存在区别,下面以某特种设备作业人员考试系统为例简单介绍使用办法。

三、考试过程操作方法

(1) 输入网址,单击进入"特种设备作业人员考试系统"程序,出现如下界面。

（2）输入准考证号码，出现如下界面。

（3）单击"登录"按钮，出现如下界面，确认考试信息，如无错漏，单击"是的，开始考试"。

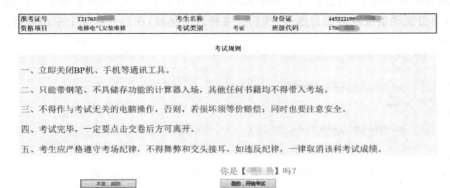

（4）单项选择题作答界面中，请在认为正确的选项上单击作答，如下图所示；如需对已做答案进行修改，单击滚动条或左侧题目题号，找到所要修改的题目，在另外选项上单击即可。

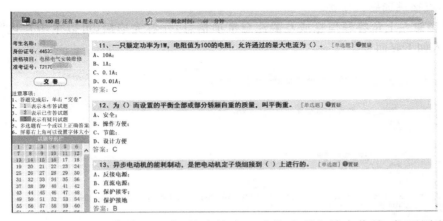

（5）多项选择题作答界面中，请在认为正确的选项上单击作答，如下图所示；如需对已做答案进行修改，单击滚动条或左侧题目题号，找到所要修改的题目，在另外选项上单击即可。

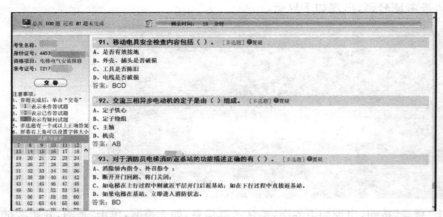

（6）判断题作答界面中，请在认为正确的选项上单击作答，如下图所示；如需对已做答案进行修改，单击滚动条或左侧题目题号，找到所要修改的题目，在另外选项上单击即可。

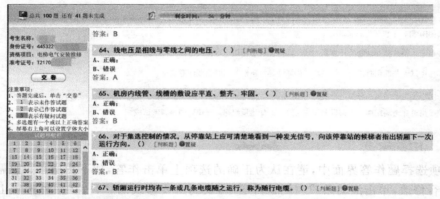

（7）每一道题作答完毕，请进入下一题作答，以此类推直至试卷最后；也可以单击左侧题目题号，直接挑选题目作答。

（8）（请留意左上角答题信息或左侧注意事项信息）作答完毕后，可以单击左边"交卷"按钮，进入如下界面。

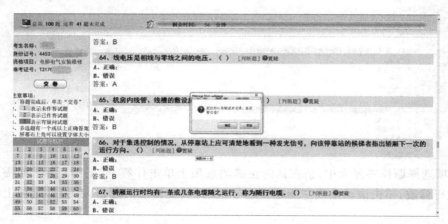

（9）单击"取消"退出此界面，可以继续进行考试，单击"确定"按钮将交卷，马上显示考试分数，如下界面（不管是否及格，不能重做）。

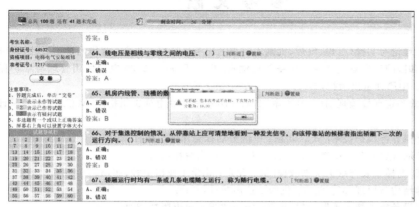

（10）如果考试结束时间已到（屏幕上方会显示剩余时间），不管是否作答完毕，不管是否单击"交卷"，系统将自动交卷，并显示考试分数，如下图所示。考试结束后，应尽快收拾个人物品，听从监考人员指引，有顺序地离开考场。

参 考 文 献

[1] 张富建.焊工理论与实操(电焊、气焊、气割入门与上岗考证)[M].北京：清华大学出版社,2014.

[2] 中华人民共和国国家质量监督检验检疫总局颁布.TSG T5001—2009 电梯使用管理与维护保养规则[S].北京：中国计量出版社,2009.

[3] 电梯监督检验和定期检验规则(全套六本)TSG T7001—2009 电梯选用指南[M].北京：中国计量出版社,2012.

[4] 汤湘林.电梯保养与维护技术[M].北京：中国劳动社会保障出版社,2013.

[5] 李乃夫,陈传周.电梯实训 60 例[M].北京：机械工业出版社,2017.

[6] 张晓冬,赵亮.电梯安装与维护实训教程[M].北京：化学工业出版社,2015.

[7] 李乃夫.电梯结构与原理[M].北京：机械工业出版社,2014.

[8] 索利军.电梯设备施工技术手册[M].北京：中国建筑工业出版社,2011.

[9] 史信芳.自动扶梯[M].北京：机械工业出版社,2014.

[10] 广州市质量发展研究中心.电梯电气维修(第一册)(特种设备培训教材)[M].广州：广州市质量发展研究中心,2009.